50 COSAS QUE PUEDES OBSERVAR EN LA LUNA

GUÍA PARA EL OBSERVADOR PRIMERIZO

John A. Read

Con prólogo de David M. F. Chapman

Stellar Publishing

En colaboración con

Formac Publishing Company Limited

Halifax

PRÓLOGO:

¿Por qué observar la Luna?

Crecí en Winnipeg, Manitoba y cuando era niño, la astronomía me atrapó por completo. Una fría noche de invierno, mi padre me llevó afuera y me señaló varios conjuntos de estrellas, como el Carro y Orión. ¡Estaba impresionado! A partir de ese día, devoré todos los libros de astronomía de la biblioteca pública. Cada vez que veía los telescopios de lujo en *Sky & Telescope*, la única revista de astronomía que estaba disponible en ese momento, terminaba babeando. En mi décimo cumpleaños, mis padres me regalaron un pequeño telescopio de 60 mm con un tripié de madera y un libro de astronomía de Patrick Moore.

Esa misma noche, comencé a hacer un registro de todas las cosas que veía con mi telescopio (he conservado esos registros durante más de medio siglo; desafortunadamente, no tengo el telescopio). La primera observación que escribí fue una lista de cráteres, mares y montañas lunares que pude ver con mi pequeño telescopio. Luego, comencé a hacer dibujos rudimentarios de cómo se veía la Luna a través del ocular. Con el paso del tiempo, pude observar eclipses lunares, ocultaciones de estrellas por la Luna, el brillo de la Tierra... En resumen, todas las cosas descritas en este libro. ¡Ojalá lo hubiera tenido cuando era pequeño!›

Dejé la Luna de lado y comencé a observar estrellas, planetas, galaxias, nebulosas y un montón de cosas más. Logré utilizar telescopios más grandes para llevar a cabo mis observaciones. Mientras que los demás aficionados a la astronomía se quedaban en casa porque "la Luna arruinaba el cielo", yo era el tipo que se quedaba observándola con el telescopio.

Tengo una relación única con la Luna: a pocas horas de haber cumplido dieciséis, el astronauta Neil Armstrong bajó del módulo de aterrizaje lunar *Eagle* a la superficie de la Luna, siendo el primer ser humano en hacerlo. Lo vi en vivo, en una televisión borrosa en blanco y negro. Luego, salí y miré la Luna. "Madre mía", me dije. "¡Hay gente allá arriba!" Nunca lo olvidaré.

Existen muchas razones para explorar la Luna (desde la Tierra, con un telescopio): es el cuerpo celeste más cercano, es fácil de encontrar, es brillante, tiene diferentes detalles visuales para disfrutar, no tienes que ir a ningún lugar (puedes verla desde tu jardín) y no necesitas un telescopio carísimo para poder verla. Además, aprenderás a operar un telescopio e interpretar lo que estás observando. Si cuentas con esas valiosas habilidades, estarás más preparado para buscar planetas, estrellas dobles, galaxias y otros cuerpos celestes más complejos. ¡Te lo aseguro!

Con este libro, John Read ha hecho borrón y cuenta nueva. Su pasión por ayudar a la gente a apreciar el cielo nocturno y su excelente sentido para saber qué es lo que les emociona lo impulsó a elegir 50 características lunares interesantes que ha observado, fotografiado e investigado con el tiempo. De antemano, te aseguro que ha puesto su corazón y alma en este proyecto. Si quieres tener un nuevo pasatiempo o simplemente quieres pasarla bien, ¡este libro es para ti!

David M. F. Chapman, editor emérito
Manual del Observador del RASC (2012–2016)

Stellar Publishing se ha asociado con Passage para enviar telescopios y libros de astronomía traducidos al español a las escuelas de América del Sur. Para apoyar a la organización Passage, considera hacer una donación en www.flyingostrichmedia.com/passage.html.

PASSAGE

Formac Publishing Company Limited y Stellar Publishing reconocen el apoyo del Departamento de Comunidades, Cultura y Patrimonio de la provincia de Nueva Escocia. Estamos encantados de trabajar con la provincia de Nueva Escocia para desarrollar y promover nuestros recursos culturales para todos los neoescoceses. Agradecemos el apoyo del Consejo Canadiense de las Artes, que invirtió 153 millones de dólares el año pasado para llevar las artes a los canadienses de todo el país. Este proyecto ha sido posible en parte por el Gobierno de Canadá.

Canada NOVA SCOTIA Canada Council for the Arts Conseil des Arts du Canada

Diseño de portada: Tyler Cleroux
Imagen de portada: Istock, Adobe Stock
Consultores editoriales: David M. F. Chapman, Carlos Heredero
Traducción al español por Karen Ruiz

Biblioteca y archivos de Canadá: Catalogación

Título: 50 cosas que puedes observar en la Luna: Guía para el observador primerizo / John A. Read.
Otros títulos: 50 cosas que puedes observar en la Luna
Nombres: Read, John A., autor.
Descripción: Incluye referencias bibliográficas.

ISBN (Tapa blanda): 978-1-7327261-9-2

Edición en español publicada por:
Stellar Publishing, Halifax, NS, Canadá.

Edición en inglés (tapa dura) publicada por:
Formac Publishing, 5502 Atlantic Street, Halifax, NS, Canadá, B3H 1G4

ÍNDICE

Acerca de la Luna

Hace unos 4,500 millones de años, un planeta rocoso orbitaba alrededor del joven Sol. El sistema planetario estaba plagado de asteroides mortales y uno de ellos, de 7,000 km de diámetro, chocó con el planeta y esto provocó que los escombros quedaran en el espacio exterior. Debido a la influencia de la gravedad, los escombros se fusionaron, formando dos mundos únicos. Al mundo más grande lo llamamos Tierra y, al más pequeño, le decimos Luna.

La Luna siempre ha sido un elemento fijo en la vida de los humanos. La Luna estabiliza el eje de la Tierra, provoca mareas e ilumina la noche. Los primeros seres humanos utilizaron la Luna para determinar cuándo plantar y cosechar cultivo y además desarrollaron calendarios basados en los ciclos lunares. De hecho, la palabra "mes" viene del latín mensis, y este del griego mene, que significa "Luna".

Con el paso del tiempo, los humanos inventaron nuevos calendarios, construyeron rascacielos y descubrieron la electricidad para iluminar la noche. Para muchos, la Luna se convirtió en una roca poco interesante. Sin embargo, en plena Guerra Fría con la Unión Soviética, John F. Kennedy, presidente de los EE.UU., exigió superar la dominación comunista en el espacio exterior.

"¡Elegimos ir a la Luna!"
— Presidente John F. Kennedy, 1962

Los soviéticos enviaron muchas naves espaciales robóticas a la Luna. Fueron los primeros en enviar con éxito una sonda robótica (Luna 2), que se estrelló en la superficie lunar. Luego, fueron los primeros en **orbitarla** y tomar fotografías de la **cara oculta de la Luna** (Luna 3). Además, fueron los primeros en aterrizar una sonda en la superficie lunar (Luna 9) de forma segura y, a finales de la década de 1960, estaban a punto de enviar humanos a la Luna.

Sin embargo, en 1968, los astronautas Frank Borman, William Anders y Jim Lovell dejaron la Tierra y se dirigieron hacia la Luna. Esta fue la histórica misión Apolo 8; la primera vez que los humanos abandonaron la órbita terrestre. Sin embargo, su nave no incluía un módulo de aterrizaje lunar. Al llegar a la Luna, pasaron 20 horas en órbita lunar antes de regresar a casa.

Luego, en 1969, un estadounidense llamado Neil Armstrong bajó del módulo de aterrizaje y pisó la Luna. El enemigo de la Guerra Fría de los Estados Unidos estaba observando cada movimiento. Con ese pequeño paso, Estados Unidos había ganado la carrera espacial.

Buzz Aldrin en la Luna (Neil tenía la cámara).

Mientras Armstrong y Aldrin regresaban al módulo lunar para realizar su viaje de regreso, una nave espacial soviética sin tripulación, llamada Luna 15, comenzó a orbitar la Luna. La sonda soviética cambió su trayectoria, posiblemente para ver más de cerca a los astronautas de EE.UU. y prepararse para el aterrizaje. Sin embargo, la sonda soviética se estrelló contra un monte lunar, a unos cientos de kilómetros de distancia de los astronautas.

Luna, el módulo soviético de aterrizaje.

En comparación con el éxito del programa Apolo, el programa lunar tripulado de los soviéticos sufrió varios fracasos, como intentar lanzar de manera exitosa el cohete gigante que los llevaría al espacio. Debido a que los estadounidenses llegaron primero a la Luna, el programa lunar tripulado de los soviéticos perdió apoyo político y fue cancelado.

La Luna, a simple vista

No necesitas ningún mapa para apreciar la Luna; ni siquiera necesitas un telescopio o unos binoculares (aunque te pueden ayudar). Admirar la Luna es algo maravilloso. Sin embargo, una vez que la veas a través de un telescopio, notarás varias cosas.

Salida y puesta de la Luna
Aunque la Luna sale por el este y se pone por el oeste todos los días (al igual que el Sol), cada día sale unos 50 minutos más tarde. Si observas la Luna todos los días a la misma hora, parecería que se mueve de oeste a este.

Cráteres: Aunque solo se puede ver uno (o dos) sin un telescopio, puedes observar miles de cráteres con un telescopio pequeño. Los cráteres se forman principalmente por el impacto de un asteroide o meteoroide, pero algunos pueden ser antiguos volcanes colapsados. Existen cráteres pequeños y simples, con forma de tazón, y cráteres grandes y complejos, que suelen tener un pico central formado por la liberación de material después de un impacto.

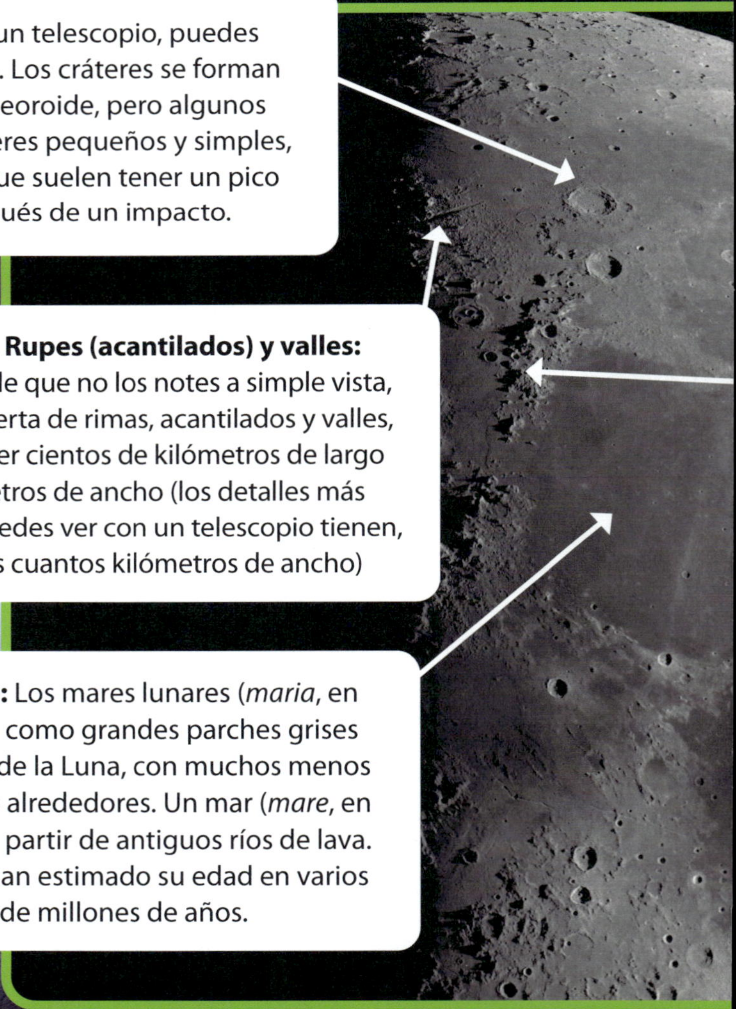

Rilles (rimas), Rupes (acantilados) y valles: Aunque es posible que no los notes a simple vista, la Luna está cubierta de rimas, acantilados y valles, que pueden tener cientos de kilómetros de largo y varios kilómetros de ancho (los detalles más pequeños que puedes ver con un telescopio tienen, al menos, unos cuantos kilómetros de ancho)

Mares lunares: Los mares lunares (*maria*, en latín) aparecen como grandes parches grises en la superficie de la Luna, con muchos menos cráteres que sus alrededores. Un mar (*mare*, en latín) se forma a partir de antiguos ríos de lava. Los científicos han estimado su edad en varios miles de millones de años.

¡Dato estelar!

El astrónomo jesuita Giovanni Riccioli (1598 - 1671) decidió nombrar los cráteres de la Luna en honor a los científicos y los filósofos. Comenzó escribiendo los nombres más antiguos en el norte y los más recientes, en el sur. Asimismo, Riccioli nombró a las *marias* (o mares) y les dio nombres en latín que significan tranquilidad, arcoíris, lluvias, frío, vapores, entre otros.

¿Cuán lejos está la Luna?

Cuando observas la Luna a través de un telescopio, parece que puedes extender la mano y tocarla. Sin embargo, la Luna está a una distancia promedio de 384,000 km. ¡Eso es más de 35 veces la distancia entre la ciudad de Nueva York y Tokio! Si recorrieras esa distancia en automóvil, sin parar, a 90 km/h, ¡te tardarías casi seis meses!

Cordilleras lunares: Sí, ¡la Luna tiene montañas! La mayoría de las montañas lunares se formaron cuando la roca fue empujada hacia arriba por los impactos provocados por asteroides gigantes, lo que significa que se formaron en minutos. La cordillera más prominente (y espectacular, según algunos) son los *Montes Apeninos*, que tiene una longitud de casi 600 km, con picos de más de 5 km de altura.

Rayos: Se forman cuando la roca y el polvo (llamado eyección) se desprenden después del impacto de un meteorito. Los rayos lunares aparecen como líneas brillantes que emanan lejos de la zona de impacto. Algunos rayos, como los del cráter Tycho, ¡tienen miles de kilómetros de largo! Además, duran millones de años.

Escala lunar: La Luna tiene un ancho de 3,475 km; casi tan ancho como los EE.UU. El detalle más pequeño visto sin un telescopio (ej., un mar lunar) sigue siendo del tamaño de Texas. Con los binoculares, puedes ver pequeños cráteres de hasta 100 km de diámetro; aprox., del tamaño de Los Ángeles. Si observas la Luna con un telescopio, podrás ver detalles tan pequeños como unos cuantos kilómetros, aproximadamente del tamaño de la isla de Manhattan, Nueva York.

Cómo usar este libro

Días lunares: Este libro seguirá las **fases** de la Luna, yendo desde la Luna nueva hasta la Luna llena. Esta transición representa 14 días de vistas únicas de la Luna en el cielo nocturno. A medida que pasan los días, una porción adicional de la Luna se hace visible y las características más prominentes aparecen a lo largo del **terminador**, que es la línea irregular que está entre la zona iluminada por el Sol y la zona oscura de la Luna. Esta imagen muestra la Luna cuando está "creciendo" en el cielo vespertino; es decir, el área iluminada se está expandiendo. Durante los próximos 14 días, la Luna se encuentra "menguando"; es decir, el área iluminada se hace cada vez más pequeña. Las fases menguantes solo son visibles por la noche y hasta la mañana siguiente.

Puedes replicar las fases de la Luna sosteniendo una pelota con el brazo extendido durante la puesta del sol, dando vueltas en círculo. En esta imagen, Marni Berendsen, coordinadora del proyecto educativo de la Sociedad Astronómica del Pacífico (ASP), hace exactamente eso.

Imagen de la misma región durante tres noches consecutivas.

El terminador es una división entre la noche y el día lunar y es el mejor lugar para realizar observaciones. Al principio, aparecen los montes y los bordes de los cráteres. A medida que los cráteres se llenan de luz, las montañas cercanas proyectan largas sombras. Finalmente, una vez que recibe la luz, las sombras retroceden y los detalles más finos se desvanecen en tonos de gris y blanco.

La Luna aparecerá de forma diferente según el tipo de telescopio o binoculares que estés utilizando. Estas vistas te ayudarán a orientar tu telescopio para encontrar objetivos más desafiantes.

Derecho / Binoculares

Invertido / Newtoniano

Inverso al espejo / Refractor

Cada página contiene tres imágenes separadas de la Luna. La imagen más grande muestra cómo se ve la Luna de forma visual o con binoculares. Las otras imágenes ampliadas fueron capturadas con un telescopio refractor o newtoniano. Utiliza la imagen que coincida con tu tipo de equipo.

Eventos lunares y cómo verlos

Conjunciones: Se denomina "conjunción" cuando la Luna y una estrella, planeta o alguna combinación de objetos se cruzan en el cielo. Los cuerpos celestes no están físicamente cerca unos de otros, sino que aparecen, desde la Tierra, en la misma dirección general. Técnicamente, una conjunción ocurre cuando los objetos comparten la misma **ascensión recta (RA)**, un término para indicar los puntos este y oeste en el cielo nocturno.

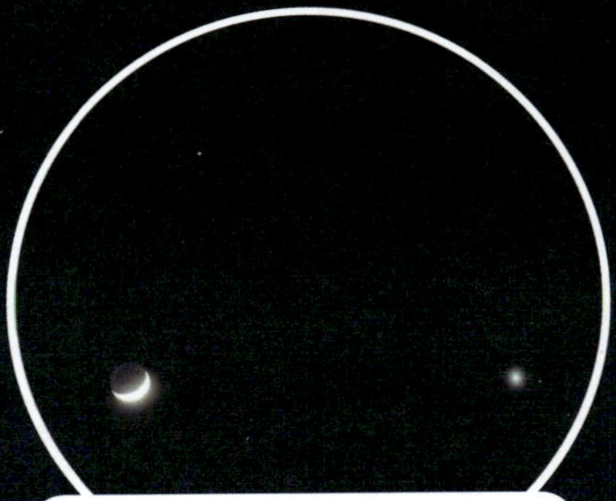

Venus, Marte y la Luna, cerca de la conjunción, 31 de enero de 2017.

Ocultaciones: Las ocultaciones lunares ocurren cuando la Luna pasa frente a un planeta o una estrella (solo las ocultaciones de estrellas y planetas brillantes son fáciles de observar). En línea puedes encontrar una lista de las próximas ocultaciones (consulta el enlace en la página 80). A menudo es divertido observar la Luna durante una ocultación: podrás ver la estrella o el planeta desaparecer en el extremo occidental de la Luna (en el lado este del cielo) y reaparecer en el extremo oriental (en el lado oeste del cielo) en 60 minutos.

La Luna, antes de ocultar una estrella brillante, 20 de marzo de 2018.

Eclipses lunares: Se denomina eclipse lunar cuando la Luna cruza la sombra de la Tierra. El eclipse puede ser parcial o total y se puede observar en diferentes partes de la Tierra (la parte donde es de noche). Durante un eclipse, especialmente durante su **totalidad** (es decir, cuando está completamente eclipsada), la Luna tiene una tonalidad ligeramente roja por la luz solar que atraviesa la atmósfera de la Tierra. Consulta la lista de fechas de los próximos eclipses lunares en el Apéndice 1.

Eclipse lunar, 21 de diciembre de 2010.

Eclipses solares: Aquí, la Tierra cruza por debajo de la sombra de la Luna. Debido a que el ancho de la sombra de la Luna (100 km, aprox.) es mucho menor que el diámetro de la Tierra (12,800 km), un eclipse solar total solo es visible en algunas partes que se ubican debajo de la sombra, la cual se mueve rápidamente por la superficie terrestre. La sombra estrecha se produce porque la Luna y el Sol tienen casi el mismo tamaño angular en el cielo. Consulta la lista de fechas y ubicaciones de los próximos eclipses solares en el Apéndice 2.

¡Dato estelar!

No todos los eclipses solares son totales. Si un eclipse ocurre cuando la Luna está situada a mayor distancia de la Tierra en su órbita, no cubrirá del todo al Sol. Este eclipse se conoce como **anular**; además, tienes que estar debajo del estrecho camino del eclipse para poder verlo. Cuando la Luna solo cubre una parte del Sol, lo llamamos eclipse solar parcial; a diferencia del eclipse anular, estos pueden observarse en un área mucho más amplia.

Luna llena: Durante mucho tiempo, el ciclo lunar ha funcionado como una especie de calendario y todavía se usa en algunos calendarios tradicionales. Quizás hayas escuchado en las noticias la aparición de la Luna de la cosecha o la **Superluna**; sin embargo, desde un punto de vista científico, estas lunas son ordinarias. Las personas que disfrutan del espacio saben que, con la Luna llena, se pueden identificar todas las *marias* principales y observar los rayos lunares.

Nota: La lista de los siguientes eclipses solares y lunares se incluye en los Apéndices.

Solo porque no estés bajo la sombra de la Luna no significa que no puedas ver un eclipse parcial. Si lo observas, asegúrate de usar lentes comerciales para eclipses.

El "anillo de fuego" ocurre cuando la Luna todavía no cubre el disco del Sol por completo durante un eclipse anular. Si lo observas, asegúrate de usar lentes comerciales para eclipses.

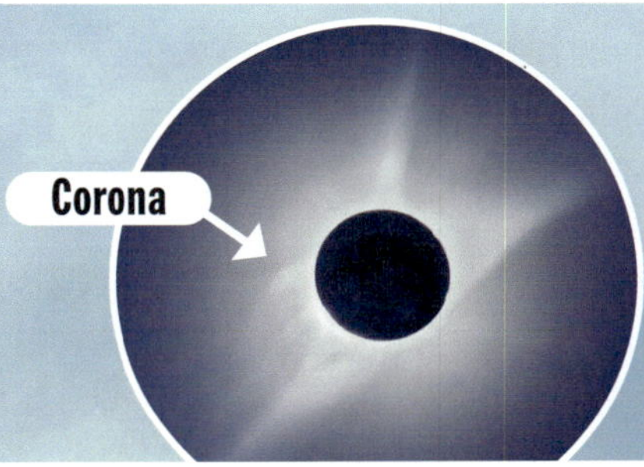

Si estás bajo la sombra de la Luna durante un eclipse solar total, podrás experimentar su totalidad. Incluso podrás ver la corona del Sol y algunas estrellas y planetas brillantes.

Cómo se ve la Luna a través del telescopio o de los binoculares

¿Alguna vez has observado la Luna con un telescopio y te has preguntado por qué se ve invertida, boca abajo o ambas? Los telescopios usan lentes y/o espejos para llevar la luz del espacio a tu ojo. Por ello, los lentes voltean las imágenes y los espejos, las invierten. La forma en que aparecerán dependerá de los detalles de la óptica de tu telescopio.

Telescopio reflector de 114 mm de Explore Firstlight

Un telescopio reflector (newtoniano) tiene un gran espejo cóncavo que acumula luz. Luego, la luz se refleja por un espejo diagonal que se encuentra dentro del cuerpo del telescopio, que posee una inclinación de 90 grados hacia el ocular. La combinación de los dos reflejos crea una imagen que está al revés *e* invertida en el espejo; es decir, crea una imagen invertida que ha sido rotada a 180 grados.

Telescopio refractor AR102 de Explore Scientific

Un telescopio refractor (que utiliza lentes) tiene una lente grande que acumula la luz. El telescopio astronómico refractor básico invierte la vista; es decir, refleja la imagen a través de un punto central a 180 grados. Un refractor suele emplear un espejo o prisma diagonal para reflejar la imagen, 90 grados hacia arriba en el ocular; esta imagen de la Luna estará al revés, pero estará invertida. (Algunos telescopios vienen con algo que se llama ocular. Si está conectado, la imagen no se verá invertida. Los catalejos, diseñados para observar la naturaleza y las actividades deportivas, tienen esta función y pueden proporcionar buenas imágenes de bajo poder).

Este telescopio Mak-Cassegrain de 127 mm de Explore Firstlight produce una imagen invertida hacia la derecha, como lo haría un refractor con una diagonal de 90 grados.

Muchos diseños de telescopios utilizan dos espejos y un prisma diagonal (que contiene otro espejo). En este caso, la combinación de los tres reflejos crea una imagen invertida hacia la derecha.

Los binoculares usan lentes y prismas (cuñas de vidrio) para imitar las imágenes que se verían a simple vista.

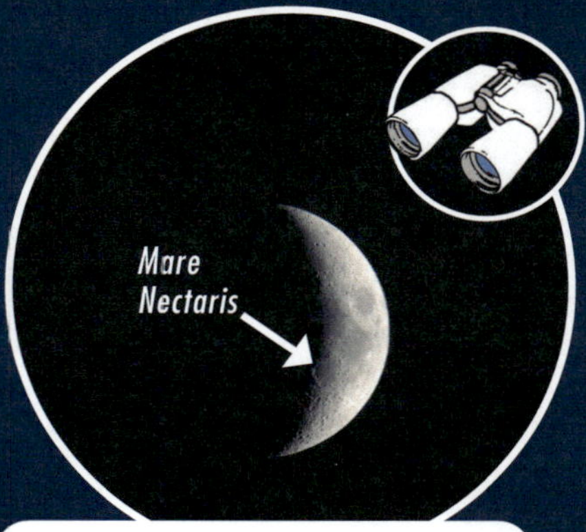

Binocular
(a simple vista)

Newtoniana o dobsoniana
(imagen invertida)

Visión con un telescopio Schmidt-Cassegrain (refractor) con diagonal de 90 grados (imagen invertida en espejo)

Observando *Mare Nectaris* con binoculares, un telescopio newtoniano y un telescopio refractor desde el hemisferio norte. Los observadores que se encuentran en el hemisferio sur lo verán al revés; es decir, con una rotación de 180 grados.

Orientación en la Luna

En términos generales, cuando observamos la Luna de forma "natural" (es decir, como lo harías a simple vista o con binoculares), el norte está arriba, el sur está abajo, el este se encuentra a la derecha y el oeste, a la izquierda (invertido en el hemisferio sur). Todos los cuerpos planetarios, incluida la Tierra, tienen esta característica. Sin embargo, el lado este-oeste en la Luna es contrario al que se ve en el cielo. Por ejemplo, cuando observamos la Luna en el cielo nocturno, se mueve rápidamente de este a oeste, tal como lo hacen el Sol y las estrellas; pero, a un ritmo más lento, la Luna se mueve en el cielo de oeste a este con respecto a las estrellas. Cuando la Luna cubre (u oculta) una estrella, la estrella desaparece detrás del límite occidental de la Luna y reaparece hasta una hora más tarde por la parte de atrás.

50 cosas a observar

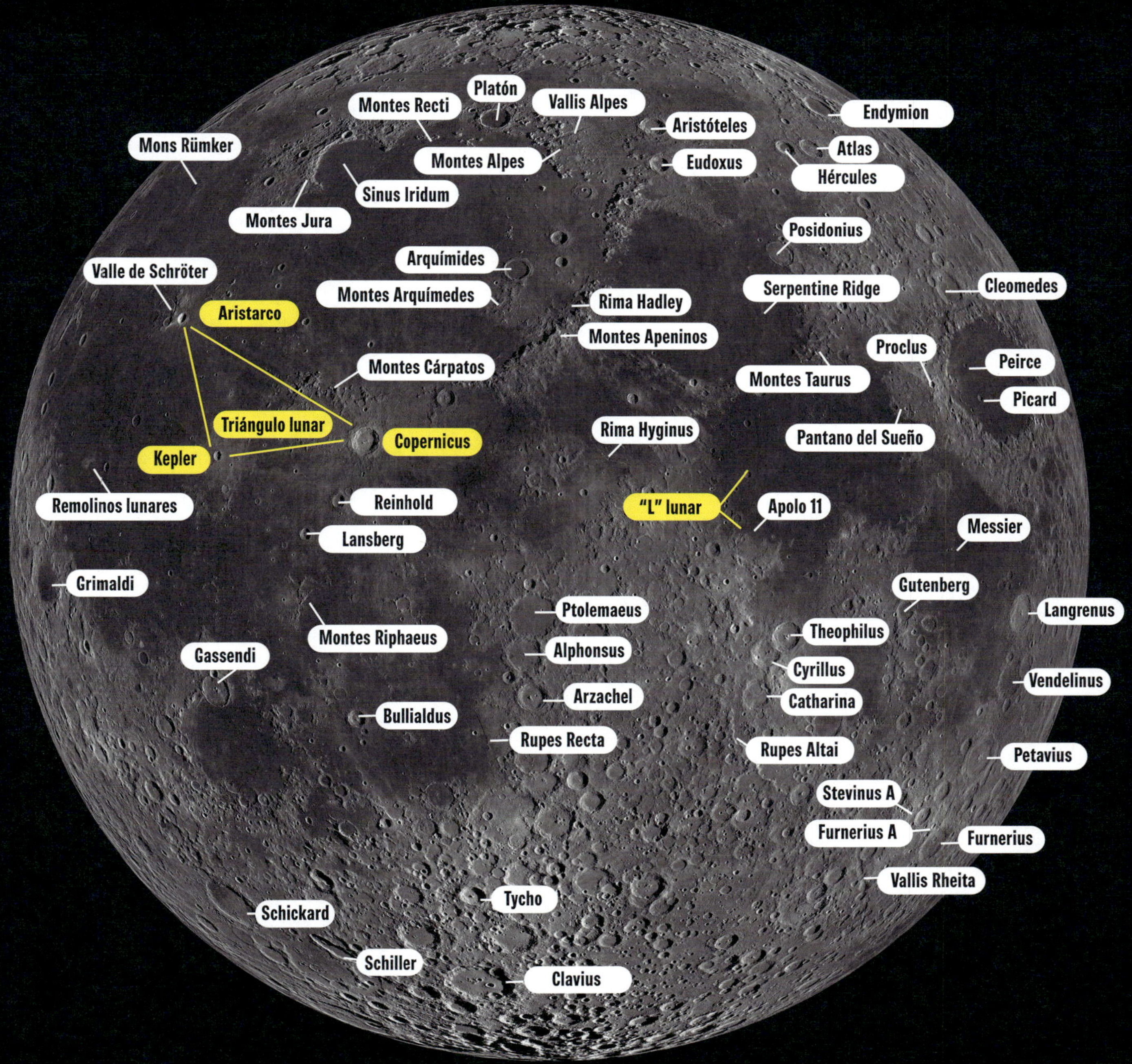

1 Mares lunares

Aunque este libro se enfoca en las fases lunares (desde la Luna nueva hasta la Luna llena), conocer un poco más sobre los mares lunares te será de mucha ayuda, ya que la mayoría de los elementos que encontraremos se encuentran dentro o cerca de estos puntos de referencia. Estos parches oscuros en la superficie lunar miden varios cientos de kilómetros de ancho; por ello, es muy fácil verlos sin la ayuda de un telescopio. De hecho, sus formas tienen la impresión visual tradicional del "Hombre en la Luna". Otras culturas suelen ver un conejo, una anciana, una rana, entre otros.

En algún punto, se llegó a pensar que los mares eran cuerpos reales de agua; sin embargo, gracias a los telescopios y otros instrumentos científicos, sabemos que no hay agua líquida en la superficie lunar. Este aspecto es el resultado de flujos antiguos de lava en cuencas creadas por el impacto de los asteroides. Por ello, aparecen como parches oscuros, relativamente sin cráteres ni montañas. Cuando la lava se enfrió, formó una roca oscura llamada basalto. No obstante, el nombre de "mares" se ha preservado.

La palabra mar en latín es *mare*. Cuando se habla de múltiples mares, se denomina *maria*.

SE VEN MEJOR DURANTE LA LUNA LLENA
¿Los has visto?

Días 1 al 5
Fase creciente

Día 1

Día 2

Día 3

Día 4

Día 5

Vista desde el hemisferio norte. Los observadores del hemisferio sur la verán con una rotación de 180 grados.

2 Luna nueva

Aunque no necesitas telescopios ni binoculares para ver esta fase, observar la Luna "nueva" podría ser difícil: se necesita una vista clara del horizonte occidental, justo después del atardecer. Aunque oscurece 30 minutos después de la puesta del sol, si te pasas de esos 30 minutos, puede que sea demasiado tarde.

Si te encuentras en la costa, en un terreno plano, en lo alto de una colina o en un edificio alto, podrás obtener una vista clara del horizonte.

Ten en cuenta que podrás ver toda la Luna y no solo la parte iluminada por el Sol. Esto es posible debido a la **"luz cenicienta"**; es decir, la luz del Sol que se refleja en la Tierra e ilumina la Luna.

Luna de un día y cometa PanSTARRS (C/2011 L4). 12 de marzo de 2013.

DÍA LUNAR VISIBLE #1
¿Lo has visto?

3 Banda de los cuatro

Estos grandes cráteres se encuentran en el sureste de la Luna. Comenzando con el cráter que está más al norte, esta banda comprende Langrenus, Vendelinus, Petavius y Furnerius.
Si miras de cerca a Langrenus en el tercer o cuarto día lunar, verás algunos rayos extendiéndose hacia el oeste. Aunque las paredes de Vendelinus casi han sido destruidas por los impactos posteriores del cráter, la depresión central permanece. Petavius, de 177 km de diámetro, es el más grande del grupo. En 1993, la primera sonda lunar de Japón se estrelló cerca de Furnerius.

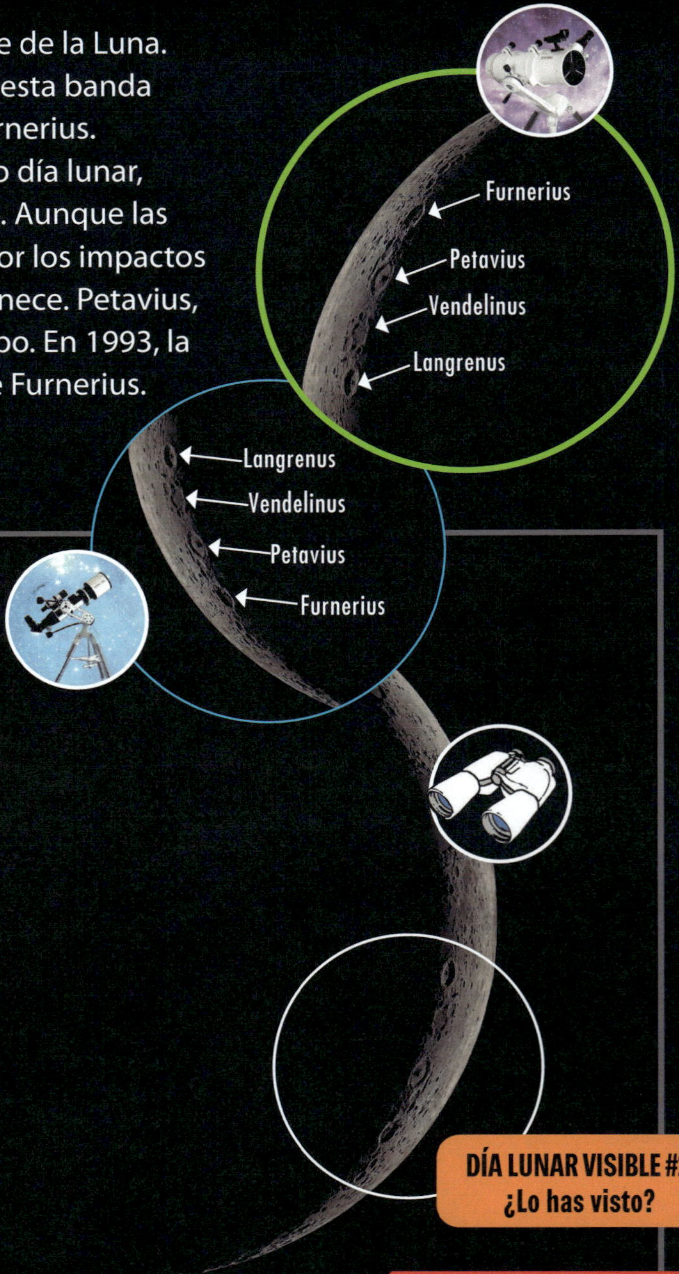

¡Dato estelar!

El apodo fue presentado por el astrónomo aficionado Dave North, colaborador de *The Hitchhiker's Guide to the Moon* (www.shallowsky.com/moon). En la actualidad, este apodo se incluye en varias publicaciones lunares, incluyendo el programa Explore the Moon del RASC.

Hiten, la nave japonesa que se estrelló en 1993.

DÍA LUNAR VISIBLE #2
¿Lo has visto?

4 Cleomedes

El cráter Cleomedes, de 125 km de ancho, se encuentra justo al norte del *Mare Crisium*. Este es uno de los primeros cráteres prominentes que aparecen poco después de la luna nueva. Si lo ves más de cerca, podrás ver que sus paredes erosionadas han sido perforadas por varios impactos recientes y un pequeño pico central se eleva desde el piso del cráter inundado de lava.

¡Dato estelar!

El cráter Cleomedes lleva el nombre del famoso astrónomo griego conocido por escribir uno de los primeros libros sobre astronomía, precediendo incluso al *Almagesto* (el texto científico más famoso de la historia). *Sobre los movimientos circulares de los cuerpos celestes* incluye la descripción más antigua de la "ilusión de la Luna", en la que la Luna llena parece más grande (no lo es) cuando está cerca del horizonte.

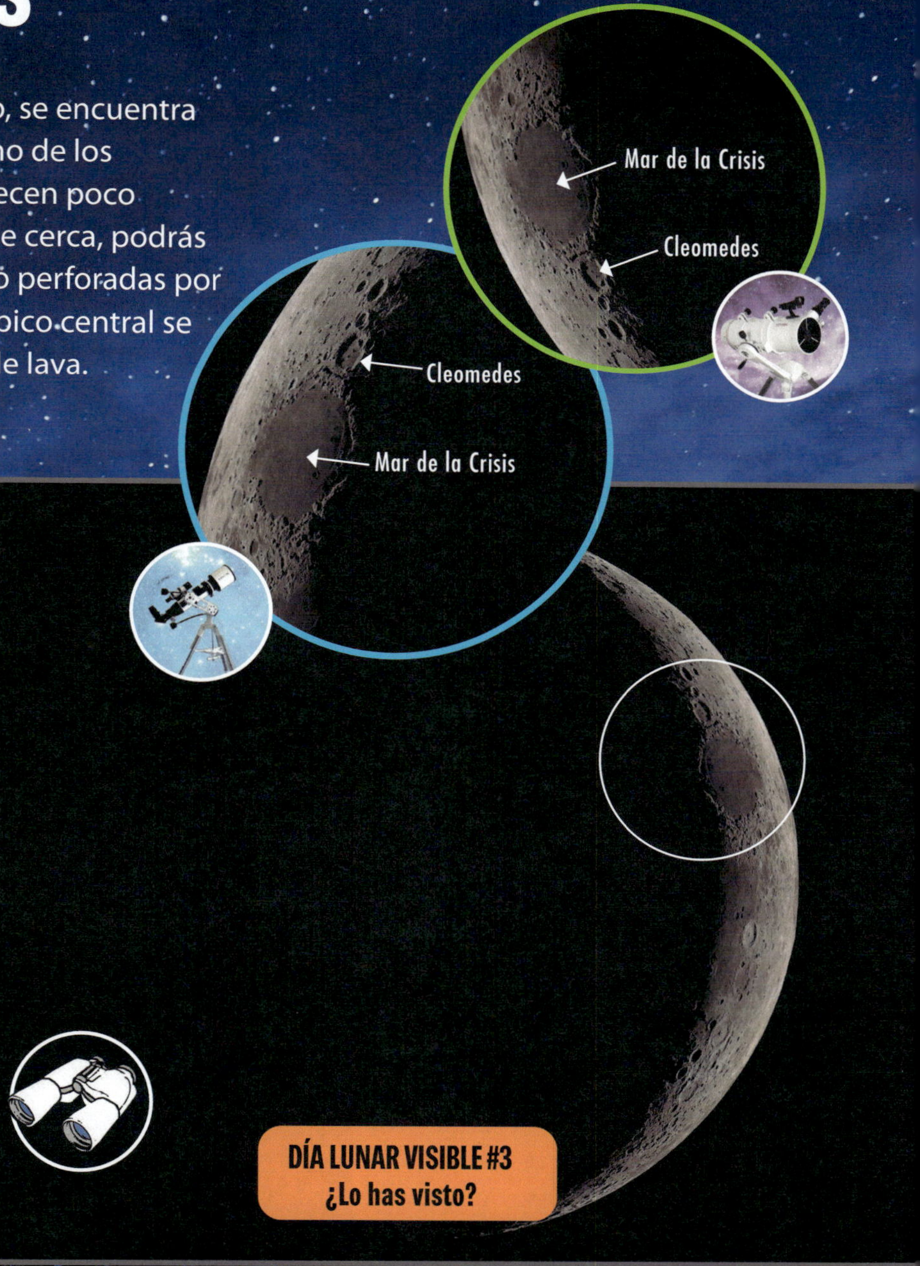

5 Endymion

El suelo de Endymion está compuesto por una roca que absorbe la luz; por ello, este cráter de 125 km de ancho parece bastante oscuro. Algunos astrónomos aficionados afirman que, con un telescopio grande, han sido capaces de discernir una fila perfecta de tres cráteres pequeños dentro de Endymion y les han apodado la "Tripleta de Endymion". Estos tres cráteres pequeños (de varios kilómetros de ancho) son claramente visibles en las fotos de una nave espacial en órbita.

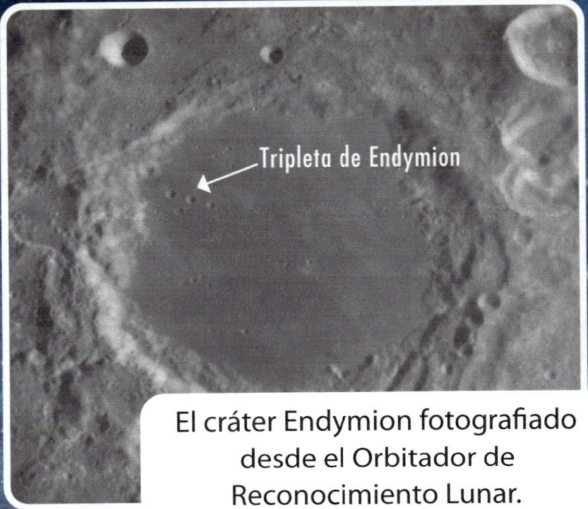

El cráter Endymion fotografiado desde el Orbitador de Reconocimiento Lunar.

Ampliación

Para calcular la ampliación de tu telescopio, divide la distancia focal del mismo (escrita en el telescopio) entre la distancia focal del ocular (escrita en el ocular). Por ejemplo, un telescopio de 500 mm con un ocular de 20 mm dará un aumento de 25x.

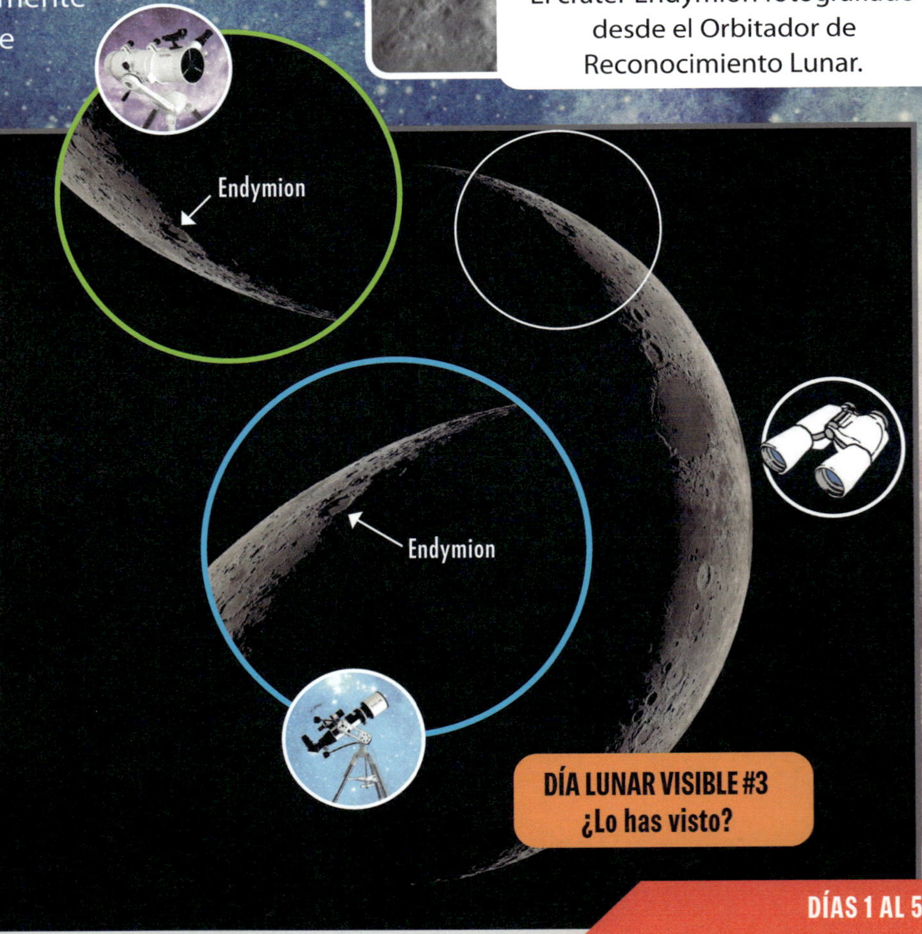

DÍA LUNAR VISIBLE #3
¿Lo has visto?

6 Las manecillas

Al incrementar el aumento, podemos ver que el interior del cráter Petavius, de 177 km de ancho, revela un tesoro fascinante: una fisura gigante se extiende en la pared del cráter, desde el pico central hasta la posición de las 8 en punto. En la parte norte del pico central, la fisura apunta hacia las 12 en punto. Estas características hacen que se le denomine como un "cráter de suelo fracturado". Lo más probable es que esta fisura se haya formado por una acumulación de magma debajo del cráter, fracturando el suelo como consecuencia.

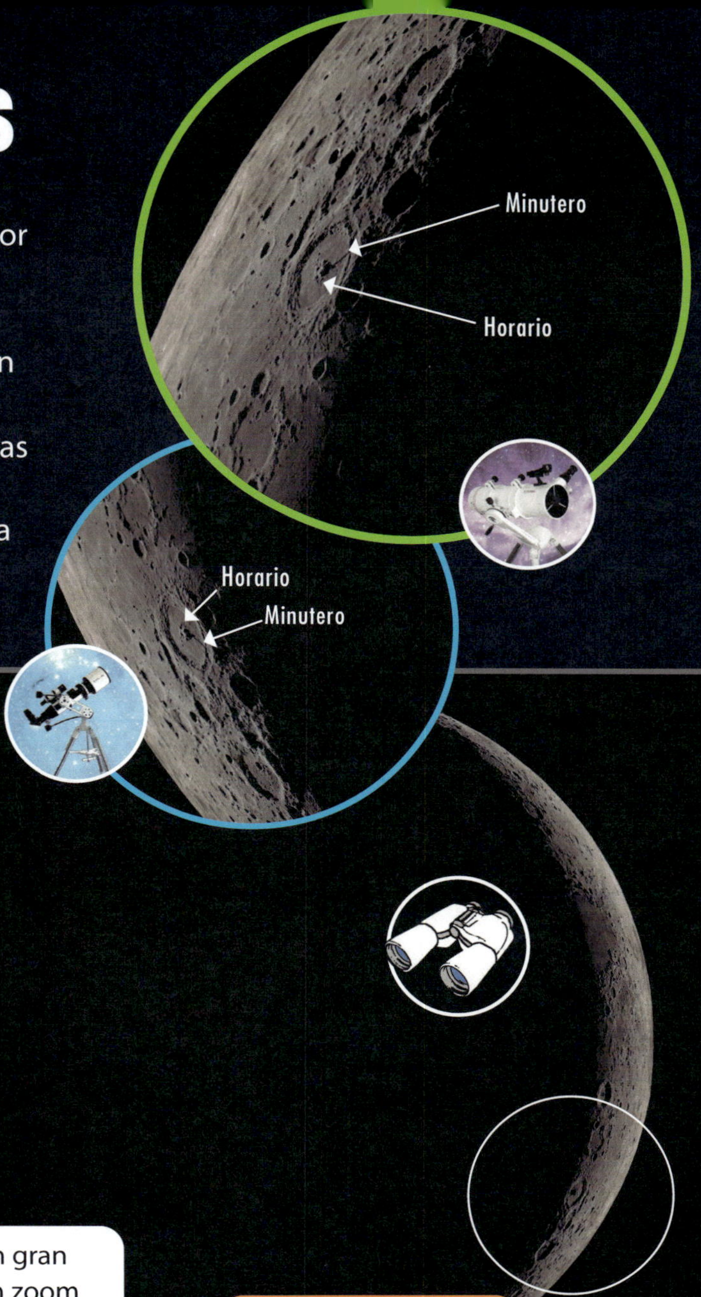

¡Dato estelar!

El cráter Petavius recibe su nombre por Denis Pétau (*Dionysius Petavius* en latín), un erudito jesuita francés del siglo XVII, conocido por su trabajo en cronología: el estudio de la secuencia de eventos históricos (o mitológicos).

Este objeto requiere un gran aumento. Un ocular con zoom podría ser de mucha ayuda.

DÍA LUNAR VISIBLE #3
¿Lo has visto?

7 Cráteres con emoji

Al observar el *Mare Crisium*, te darás cuenta que hay dos cráteres que parecen ojos. Usa luces y sombras en los bordes cercanos para completar la cara y crear un emoji. Los cráteres, Peirce, de 18 km de ancho, y Picard, de 23 km de ancho, se conocen como cráteres "eratostenianos", ya que se formaron a partir de impactos que ocurrieron después de la formación del mar lunar, justo en la misma época que el cráter Eratóstenes (hace 1,100 a 3,200 millones de años). La Unión Soviética aterrizó dos naves espaciales robóticas a unos 100 km al este de Picard, en el *Mare Crisium*: Luna 23 (en 1974) y Luna 24 (en 1976). Aunque Luna 23 sufrió daños durante su aterrizaje, Luna 24 regresó a la Tierra con una muestra del suelo lunar.

¡Dato estelar!

El cráter Picard lleva el nombre del astrónomo francés Jean-Félix Picard (quien probablemente fue la inspiración para el personaje de Jean-Luc Picard de *Star Trek: La Nueva Generación*). Picard fue contemporáneo de Isaac Newton y era conocido por desarrollar instrumentos de medición de alta precisión. El cráter Peirce lleva el nombre de Benjamin Peirce, un matemático y profesor de Harvard, conocido en los círculos de interés de astronomía por su contribución a la mecánica celeste.

DÍA LUNAR VISIBLE #3
¿Lo has visto?

8 Atlas y Hércules: Cráteres de Titanes

Atlas y Hércules, con un diámetro de 87 km y 71 km respectivamente, son un par de cráteres situados a alta latitud norte. Hércules es un kilómetro más profundo que Atlas y, desde el tercer hasta el cuarto día lunar, el suelo del cráter sigue envuelto en la sombra. Si observas a Hércules a plena luz del sol, es posible que puedas ver un pequeño cráter dentro del cráter (Hércules G) y otro en uno de los extremos (Hércules F).

¡Dato estelar!

En la mitología griega, el titán Atlas fue condenado por el dios Zeus a sostener la esfera celestial (es decir, el cielo) tras perder una gran batalla. Hércules, el hijo de Zeus, fue un héroe conocido por su gran fuerza.

Atlas y Hércules sosteniendo la Tierra.

DÍA LUNAR VISIBLE #4
¿Lo has visto?

9 Rayos de Messier

En comparación con la Tierra y la Luna, los meteoros y asteroides viajan a través del espacio a... ¡un cuarto de millón de kilómetros por hora! Los cráteres son redondos porque, cuando una roca impacta a estas increíbles velocidades, se libera energía como una bomba atómica. Sin embargo, los diminutos cráteres Messier que se encuentran cerca de la parte central del *Mare Fecunditatis* no son redondos. Es probable que la roca que creó estos dos cráteres se impactara en un ángulo increíblemente pronunciado (según los experimentos de laboratorio, mide entre 1 y 5 grados) y se rompiera en el proceso. Los cráteres, de unos 10 km de ancho, tienen un rayo doble de 120 km de largo que es visible incluso durante la Luna llena.

¡Dato estelar!

Este cráter lleva el nombre de Charles Messier, un cazacometas francés del siglo XVIII. Messier desarrolló una famosa lista de nebulosas y otros objetos del espacio profundo.

DÍA LUNAR VISIBLE #4
¿Lo has visto?

10 Zapato de madera

Durante el cuarto día lunar, se eleva una forma extraña desde las sombras. El cráter Gutenberg se encuentra en la costa suroeste del *Mare Fecunditatis* y, cuando el terminador toca la parte occidental, luce particularmente sorprendente. Otros autores describen este cráter y las estructuras circundantes como una pinza de langosta o una lágrima. En mi opinión, parece un zapato o un zueco de madera.
¿Qué ves?

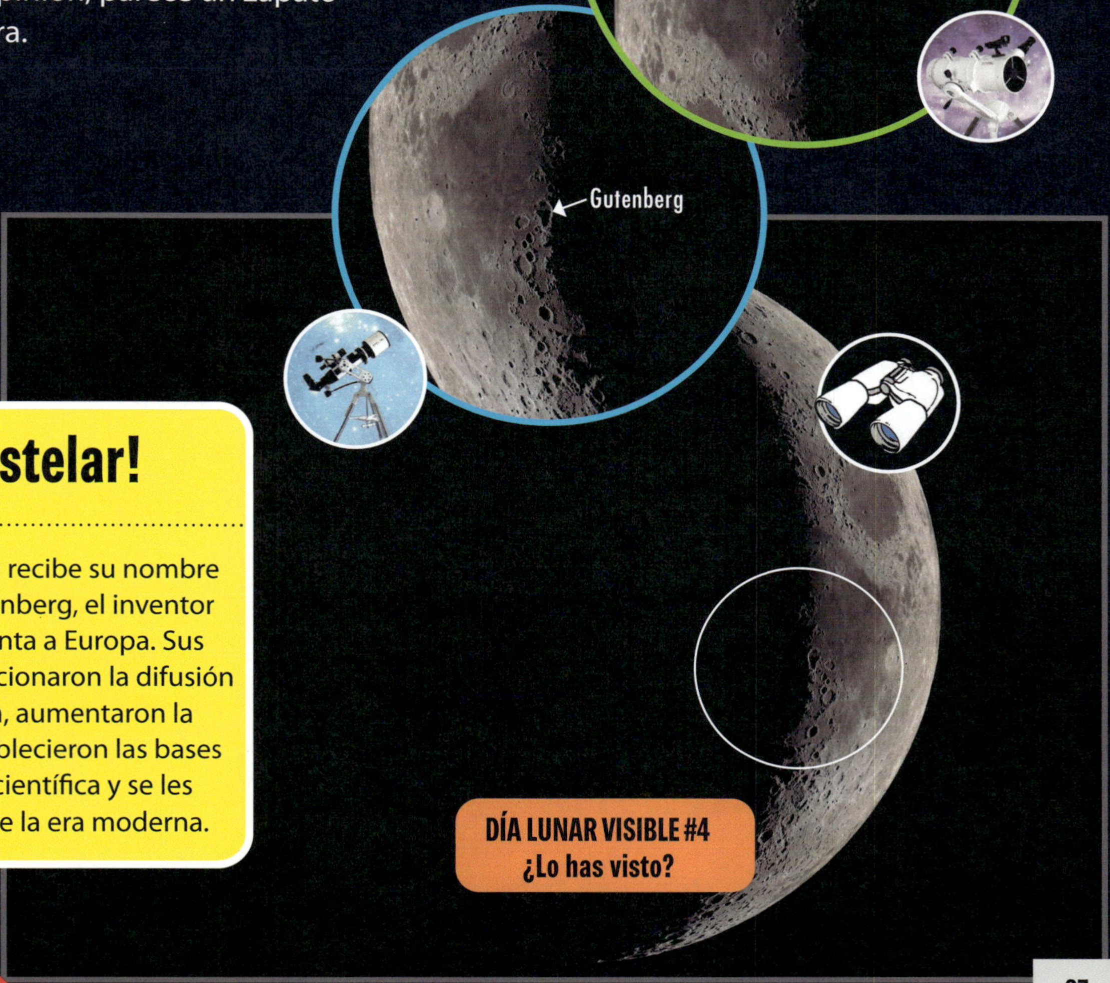

¡Dato estelar!

El cráter Gutenberg recibe su nombre por Johannes Gutenberg, el inventor que llevó la imprenta a Europa. Sus innovaciones revolucionaron la difusión de la información, aumentaron la alfabetización, establecieron las bases de la revolución científica y se les atribuye el inicio de la era moderna.

11 Vallis Rheita

En la parte suroeste de la Luna, se encuentra una zanja de 330 km de largo. Si la siguieras hacia el noroeste, notarías que está orientada a *Mare Nectaris*. Cabe la posibilidad que este valle, entre otros, haya sido esculpido por la eyección explosiva del impacto de un asteroide que creó este gran mar lunar.

Mapa lunar de Anton Maria Schyrleus de Rheita.

¡Dato estelar!

Anton Maria Schyrleus de Rheita fue un astrónomo y diseñador de telescopios de nacionalidad checa. Es conocido por haber hecho el telescopio de Johannes Kepler y por dibujar los primeros mapas de la Luna.

DÍA LUNAR VISIBLE #4
¿Lo has visto?

12 Rupes Altai

Rupes Altai es una pronunciada cadena montañosa que recorre 480 km a lo largo del borde de la cuenca del Nectaris. Al quinto día lunar, la luz solar recorre las montañas. La luz golpea estas pendientes altas y pronunciadas, tratando de alcanzar la oscuridad. Rupes Altai termina en el cráter Piccolomini. Este prominente cráter de 88 km de ancho, con su alta montaña central, mide más de 4 km de profundidad.

DÍA LUNAR VISIBLE #5
¿Lo has visto?

¡Dato estelar!

Rupes Altai recibe su nombre por el Macizo de Altái, una cordillera ubicada en Asia Central que rodea China, Rusia, Mongolia y Kazajstán. En Mongol, Altai significa "Montañas de Oro".

El cráter Piccolomini fue nombrado así por Alessandro Piccolomini, un astrónomo y escritor italiano del siglo XVI conocido por producir el primer atlas estelar llamado Sobre las estrellas fijas (*De le stelle fisse*, en italiano).

13 Montes Taurus

Los Montes Taurus se extienden entre el Mar de la Serenidad y el Mar de la Crisis. Una cordillera se asoma entre Serenidad y Tranquilidad. Esta especie de península incluye el valle Taurus-Littrow, el sitio de alunizaje del Apolo 17. No esperes ver un vehículo lunar con tu telescopio. El detalle más pequeño que puedes ver con tu telescopio ¡es del tamaño de la isla de Manhattan en Nueva York!

¡Dato estelar!

En 1972, el sitio de alunizaje del Apolo 1, la misión lunar más reciente de la humanidad (hasta el 2020), fue en el pequeño valle Taurus-Littrow. Durante su estadía de tres días en la Luna, Eugene Cernan y Harrison Schmitt (un geólogo) cubrieron una distancia de casi 40 km en el vehículo lunar, juntando cientos de kilogramos en muestras de roca y tierra.

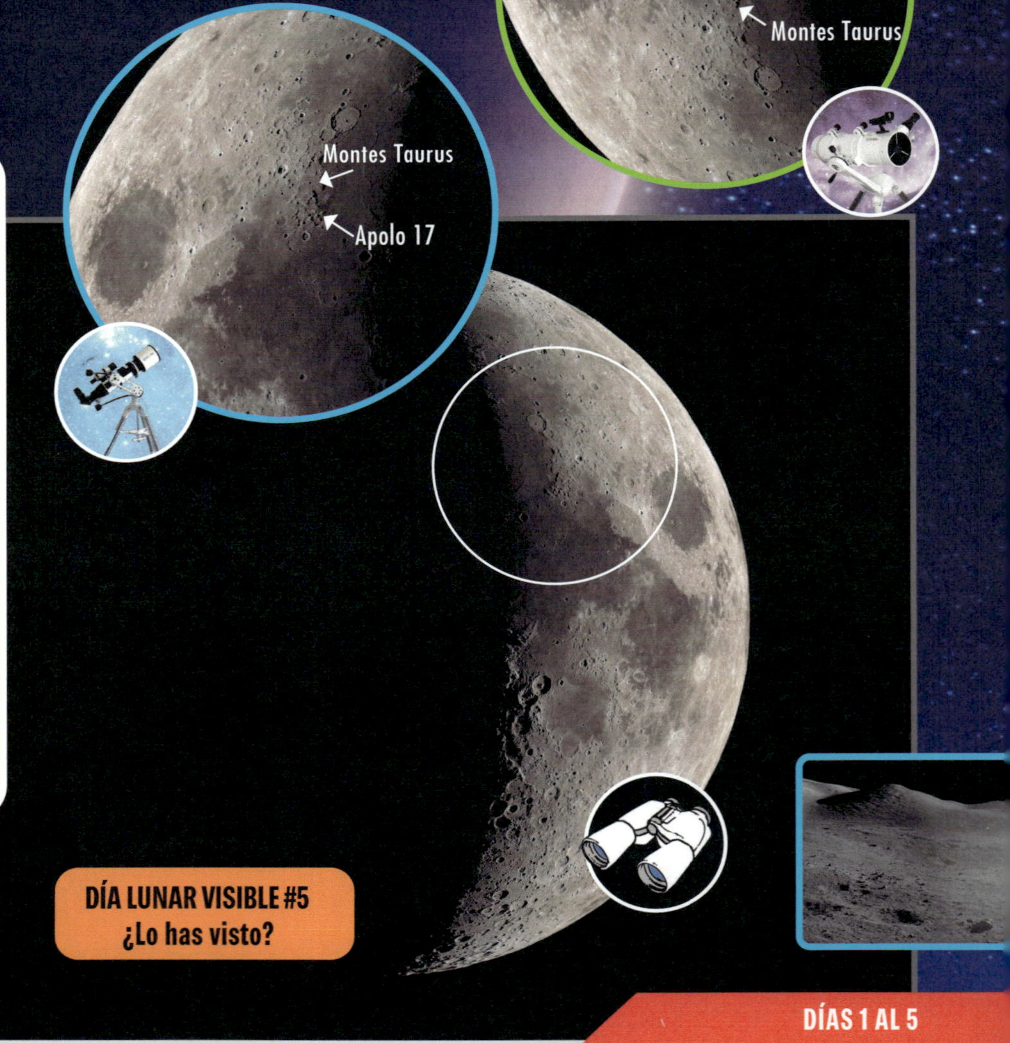

El astronauta Harrison Schmitt de pie junto a una roca gigante.

El astronauta Gene Cernan toma esta fotografía de Harrison Schmitt y el vehículo lunar junto a un cráter llamado "Shorty".

El astronauta Gene Cernan en el vehículo lunar.

14 El molusco

Este cráter de 95 km de diámetro parece un molusco de mar. ¡Observarlo minuciosamente es fantástico! Si lo miras con atención, podrás ver un pequeño cráter. Con un telescopio más grande y bajo excelentes condiciones de observación, es posible que logres distinguir varias características interesantes como fisuras y montañas pequeñas.

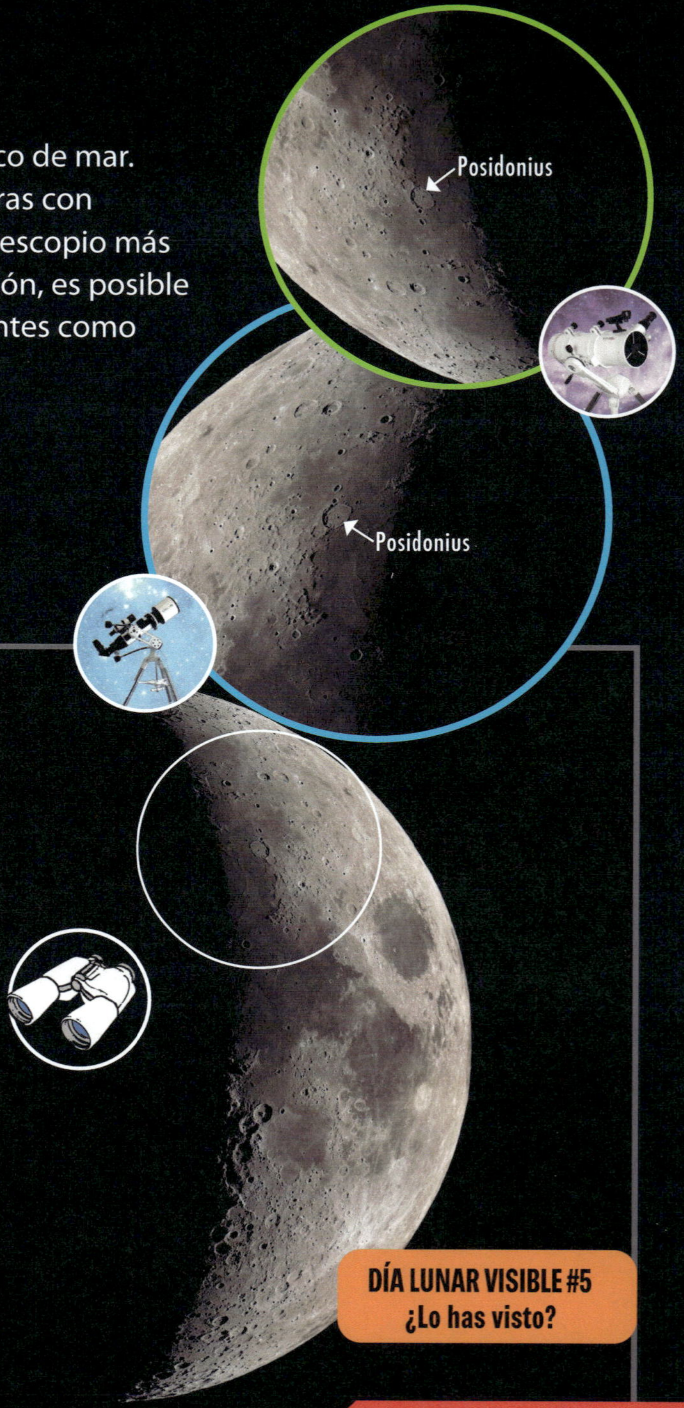

¡Dato estelar!

Posidonius fue un filósofo romano que nació en el siglo II a.n.e. Era conocido como un erudito, es decir, alguien que es experto en numerosas disciplinas. Sus escritos sobre la Luna relacionaban los ciclos lunares con las mareas. Además, Posidonius calculó la distancia a la Luna y el radio de la Tierra, alcanzando cifras cercanas a los valores aceptados en la actualidad.

DÍA LUNAR VISIBLE #5
¿Lo has visto?

15 Serpentine Ridge

Serpentine Ridge es una cordillera pronunciada de 365 km que recorre el Mar de la Serenidad de norte a sur. Si la miras más de cerca, verás que esta cordillera es parte de un anillo de crestas, abarcando varios cientos de kilómetros y rodeando el interior de la cuenca.

¡Dato estelar!

Por lo general, las cordilleras lunares tienen nombres de geólogos y el Serpentine Ridge es parte del sistema de crestas Dorsa Smirnov. Sin embargo, los mapas lunares tienden a ignorar el nombre geológico y suelen usar el nombre "Serpentine Ridge". Probablemente, esto se debe a que esta cresta tiene la apariencia de una serpiente deslizándose.

DÍA LUNAR VISIBLE #5
¿Lo has visto?

Días 6 al 8

Cerca del primer cuarto lunar

Día 6

Día 7

Día 8

Vista desde el hemisferio norte. Los observadores del hemisferio sur la verán con una rotación de 180 grados.

16 Las mancuernas

Catharina (de 99 km de ancho) y Cyrillus (de 98 km de ancho) son parte de una increíble formación que tiene la apariencia de una mancuerna. Theophilus (de 99 km de ancho), colinda con la parte noreste de Cyrillus y se identifica por su gran pico central. En el espacio profundo, también existe un objeto con un nombre similar: la nebulosa Dumbbell (conocida como M27), ubicada cerca de la Cruz del Norte, es un excelente objetivo para principiantes.

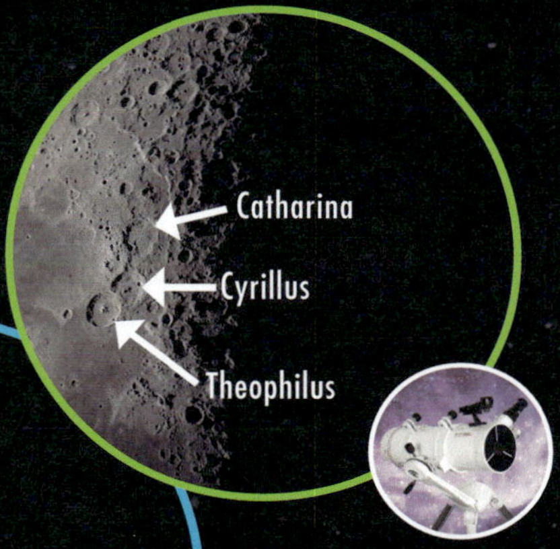

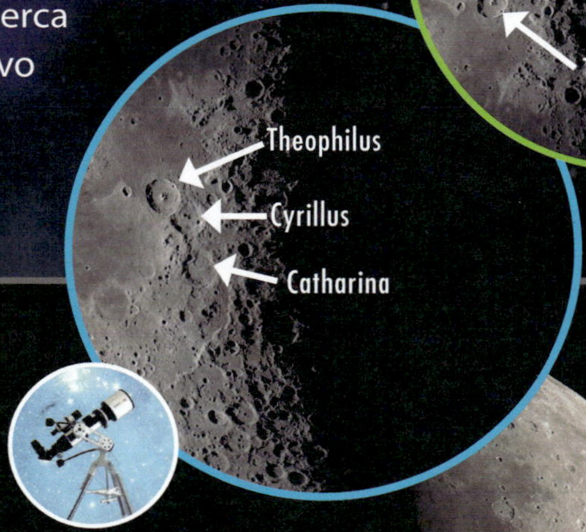

¡Dato estelar!

Catharina lleva el nombre de Catherine de Alexandría, una santa y mártir católica romana. Sin embargo, los investigadores modernos la consideran una leyenda basada en Hipatia, una astrónoma y la primera matemática conocida. Cyrillus fue nombrado por Cirilo de Alejandría, un teólogo conocido por sus traducciones. Theophilus fue un papa alejandrino conocido por destruir muchos templos y artefactos paganos.

17 "L" lunar (Apolo 11)

El 12 de septiembre de 1962, el presidente Kennedy dio su famoso discurso: "Elegimos ir a la Luna". El 20 de julio de 1969, Neil Armstrong y Buzz Aldrin aterrizaron el módulo lunar en el Mar de la Tranquilidad, mientras el piloto del módulo de comando Michael Collins orbitaba la Luna. Aunque la misión del Apolo 11 fue la tercera a esa región en específico, fue la primera tripulada. En 1965, una nave llamada Ranger 5 se impactó intencionalmente a unas docenas de kilómetros del sitio del Apolo 11 y, en 1967, una nave llamada Surveyor 5 aterrizó cerca del lugar, capturando casi 20,000 imágenes, las cuales se usaron, en parte, para planear la misión humana.

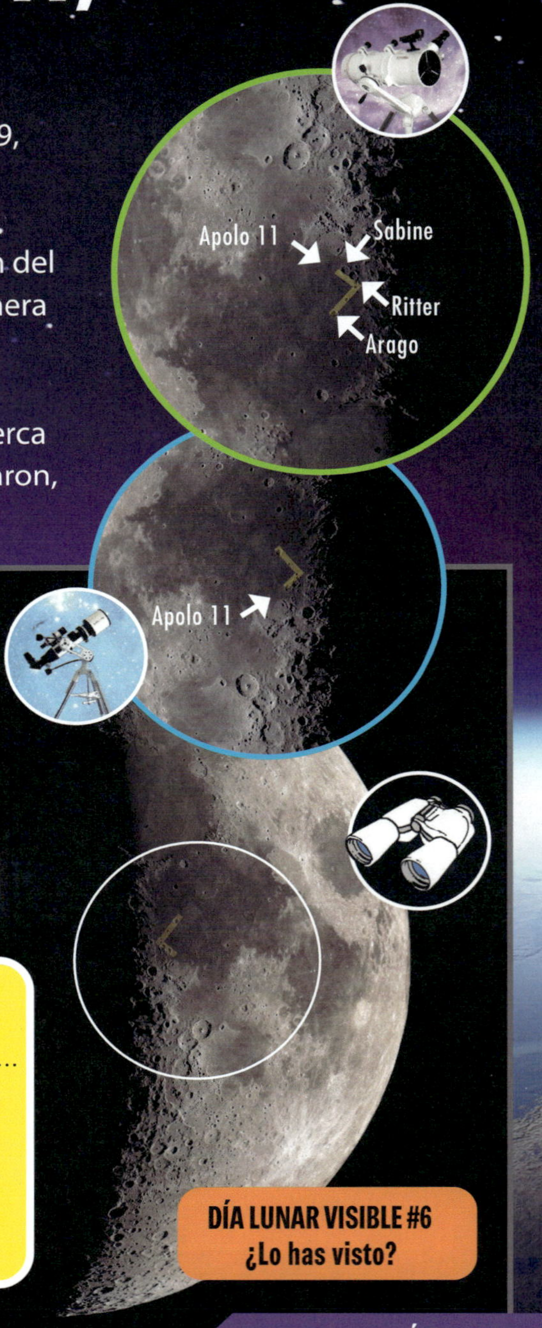

Sonda Surveyor.

Sonda Ranger de la NASA.

¡Dato estelar!

Para encontrar el sitio de alunizaje, traza una "L" entre Arago, Ritter y Sabine. La parte inferior de la L apunta a la zona general (dentro de 90 km) de las ubicaciones de estas tres misiones. Recuerda que los detalles más pequeños que pueden verse desde la Tierra son casi del tamaño de Manhattan.

DÍA LUNAR VISIBLE #6
¿Lo has visto?

Imagen del módulo lunar Apolo (tomada desde el módulo de comando) mientras regresa de la superficie lunar.

La tripulación del Apolo 11 (izquierda a derecha): Neil Armstrong, Michael Collins y Edwin (Buzz) Aldrin Jr.

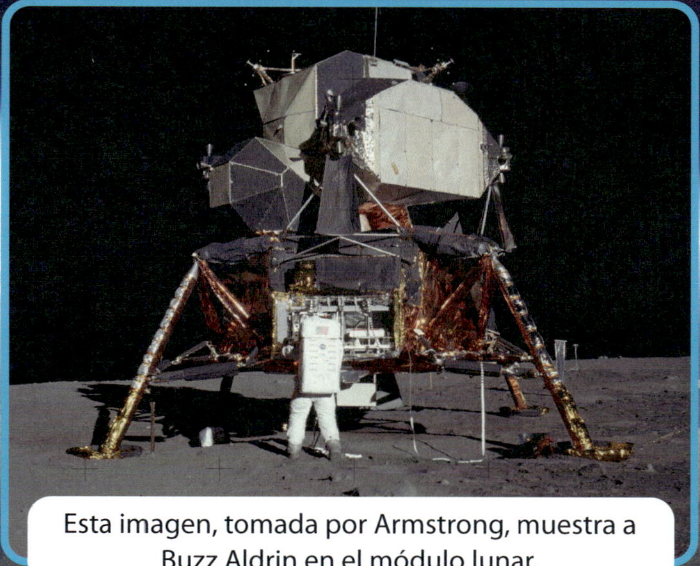

Esta imagen, tomada por Armstrong, muestra a Buzz Aldrin en el módulo lunar.

Saturno V abandona la plataforma de lanzamiento.

18 Arco de arquero

Cerca de 80 km al este de la V lunar (ver página 41) yace un canal llamado Rima Hyginus. Con un poco de búsqueda, esta rima, que se formó cuando un tubo de lava colapsó, puede ser visto con casi cualquier telescopio pequeño. Algunas fotografías de naves en órbita muestran varios cráteres dentro del canal. Estos cráteres no fueron hechos por impactos, pero se sospecha que son de origen volcánico.

Rima Hyginus desde el Orbitador de Reconocimiento Lunar.

¡Dato estelar!

Esta rima y cráter central reciben su nombre por Cayo Julio Higino, un notable escritor y erudito romano del siglo I a.n.e. Por desgracia, ninguna de sus obras sobrevivió al día de hoy.

DÍA LUNAR VISIBLE #7
¿Lo has visto?

19 Ruedas de bicicleta

Cuando el terminador está cerca, los cráteres vecinos Aristóteles (de 88 km de ancho) y Eudoxus (de 70 km de ancho) llevan una profunda oscuridad a su suelo lunar. Vistos de perfil, estos cráteres, junto con la cordillera curva al oeste, parecen un ciclista montando su bicicleta con un perro (o un oso) en la parte de atrás.

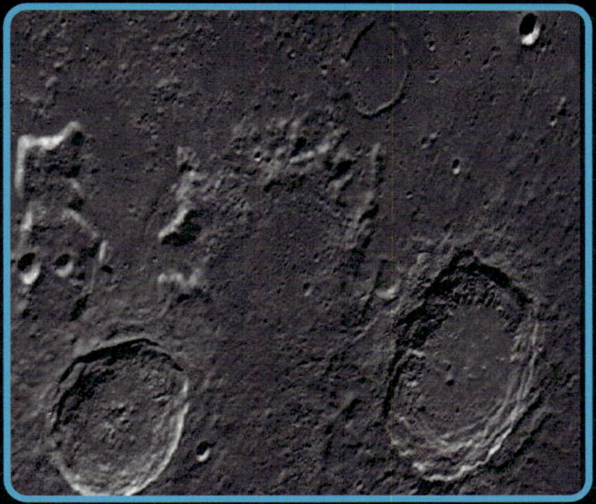

¡Dato estelar!

El cráter Aristóteles fue nombrado por el filósofo griego (nacido en el 384 a.n.e.). Eudoxus lleva el nombre de Eudoxo de Cnido (nacido en el 400 a.n.e.), un astrónomo griego conocido por crear modelos geométricos para explicar el movimiento del Sol, la Luna, las estrellas y los planetas.

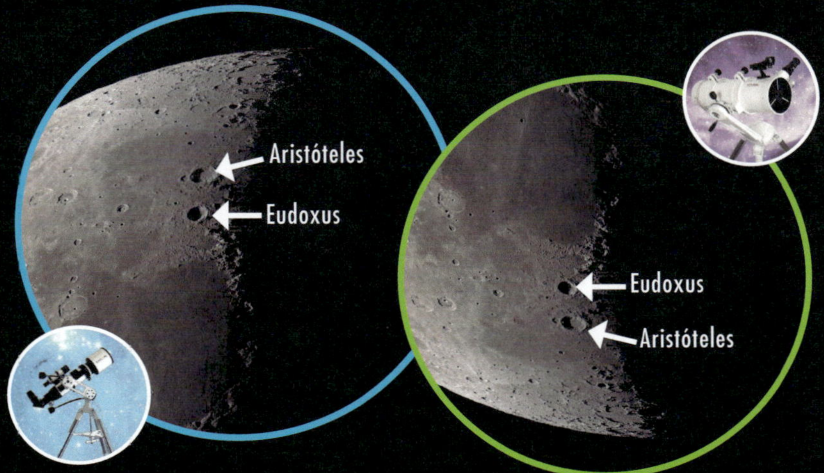

20 X lunar

La X lunar, a veces llamada la X de Werner, es un objetivo encantador, pero debes verla en el momento preciso. El patrón de la X aparece y desaparece en un periodo de casi cuatro horas junto con la fase del primer cuarto del ciclo lunar. Además, solo es visible si puedes ver la Luna desde tu ubicación. La X no es ni una montaña ni un cráter, sino un conjunto de luz y sombras en las crestas de tres cráteres distintos. ¿Cómo puedes verla? Simplemente observa la Luna tan seguido como puedas durante el primer cuarto lunar y, luego de algunos intentos, podrás atrapar la X.

A veces, los foros en línea como "Cloudy Nights" publican los horarios de la X lunar al principio del año calendario.

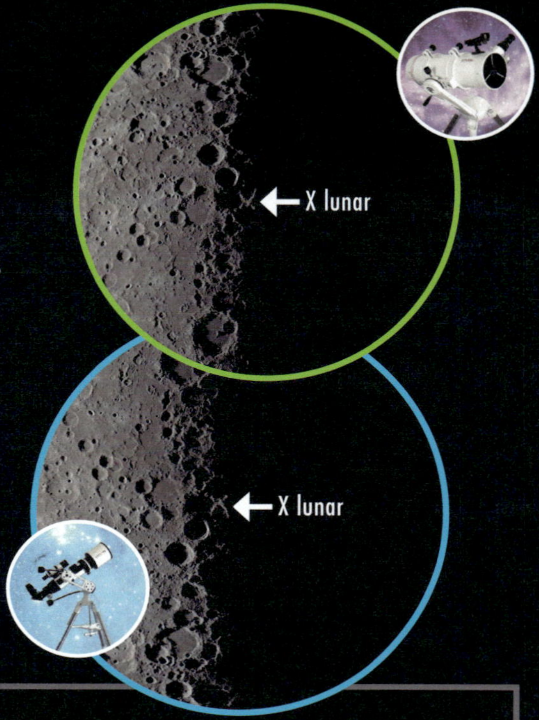

¡Dato estelar!

Werner fue nombrado por el matemático Johannes Werner. El extenso trabajo de Werner sobre la trigonometría esférica, un campo de las matemáticas, es utilizado por estudiantes de astronomía de primer y segundo año cuando aprenden a navegar por la **esfera celestial**.

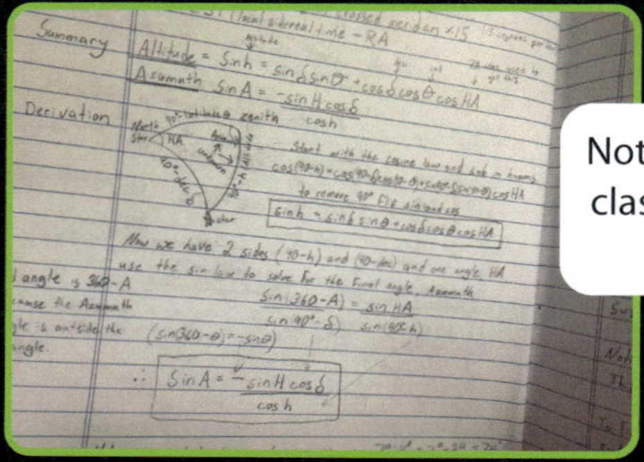

Notas del autor de una clase de astrofísica del segundo año.

DÍA LUNAR VISIBLE #7
¿Lo has visto?

21 V lunar

Aunque se puede ver al mismo tiempo que la X lunar, la V lunar permanece por más tiempo. Sin embargo, entre más lejos se encuentre del terminador, esta característica comienza a desvanecerse. Al observar un mapa lunar o fotos desde naves en órbita, la "V" apenas es discernible. Solo cuando la luz golpea los picos montañosos en un ángulo bajo es cuando esa figura es más prominente.

V lunar desde el Orbitador de Reconocimiento Lunar.

¡Dato estelar!

La base de la V apunta en dirección a una sonda robótica de 1967 llamada Surveyor 6. Esta nave espacial, que aterrizó en *Sinus Medii* (Bahía del Medio), hizo historia como la primera nave que reinició su motor sobre la superficie lunar. Durante un vuelo muy corto, la sonda viajó hasta una altura de casi cuatro metros, aterrizó y continuó con su funcionamiento.

DÍA LUNAR VISIBLE #7
¿Lo has visto?

22 Línea de cráteres

Ptolemaeus, Alphonsus y Arzachel, con 153 km, 119 km y 97 km de ancho, respectivamente, forman un trío de cráteres que hacen un arco por el primer meridiano de la Luna (la línea central en mapas lunares). Aunque Alphonsus y Arzachel presentan picos centrales muy altos, Ptolemaeus tiene un suelo sorpresivamente liso. En el cráter Alphonsus, se ubican los restos de una sonda robótica de 1965 llamada Ranger 9. Esta nave espacial, diseñada para impactarse en la Luna, fue equipada con cámaras que transmitieron imágenes en vivo a la Tierra sobre su descenso al fondo del cráter.

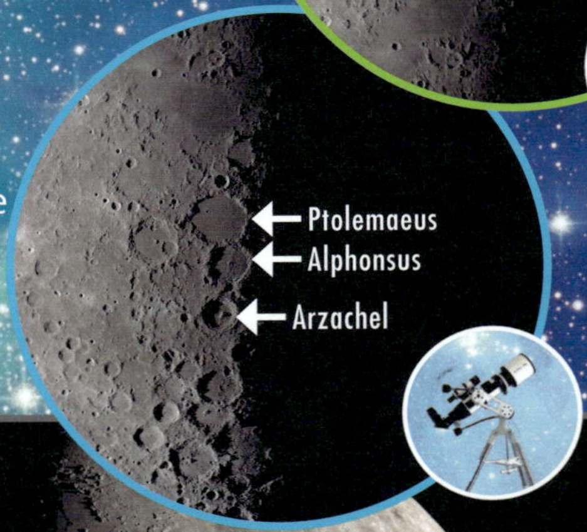

¡Dato estelar!

Desde la Tierra, el cráter Ptolemaeus parece estar casi sobre el centro exacto de la Luna. Este cráter obtuvo su nombre por Claudio Ptolomeo y eso es bastante acertado. Su libro, el *Almagest*, escrito hace casi 1,900 años, colocó una Tierra esférica al centro del universo. Este libro fue incuestionable hasta la Revolución de Copérnico, 1,400 años después.

DÍA LUNAR VISIBLE #8
¿Lo has visto?

23 Montes Apeninos

Los Montes Apeninos (también conocidos como *Montes Apenninus*) forman parte de la frontera del Mar de la Lluvia (*Mare Imbrium*). Es la cordillera más grande de la Luna, midiendo cerca de 600 km de largo. Algunos picos sobrepasan la altura de 5 km (en comparación, el Monte Everest mide casi 9 km de alto). Estos montes se formaron hace casi 4 mil millones de años durante el impacto que formó la cuenca Imbrium.

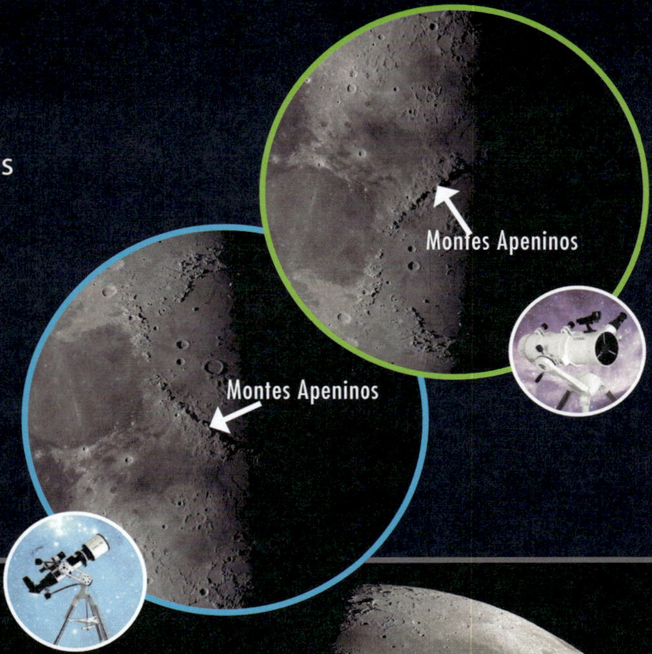

¡Dato estelar!

Los Montes Apeninos reciben su nombre por los Montes Apeninos que recorren el centro de Italia.

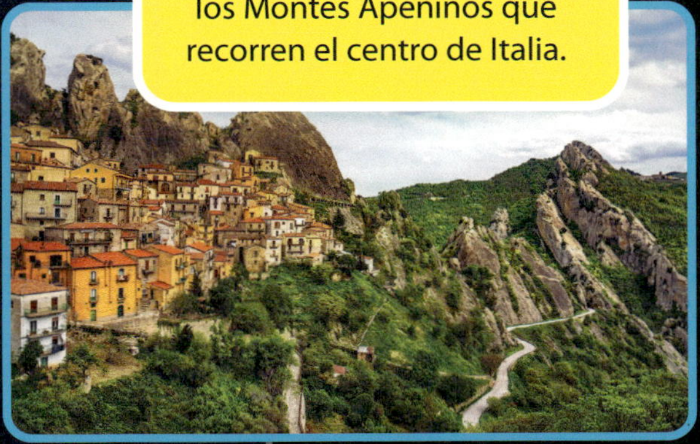

DÍA LUNAR VISIBLE #8
¿Lo has visto?

24 Rima Hadley (Apolo 15)

En el verano de 1971, la rima Hadley fue una ubicación muy conocida a nivel mundial, ya que quedaba cerca del sitio de alunizaje del Apolo 15. En sí, es un canal de 130 km de largo, probablemente formado por un tubo de lava colapsado. Midiendo un poco más de 1 km de ancho, la rima Hadley es el objeto más desafiante de este libro. El canal está casi al límite de visibilidad para los telescopios terrestres; pero, en cielos claros, con un telescopio moderadamente bueno y aumentos elevados, Hadley aparecerá como una línea serpenteante entre los Apeninos. Usa los dos cráteres vecinos, Aristillus y Autolycus, en *Mare Imbrium* y traza una línea imaginaria hacia abajo, justo donde se intersecta con los montes.

¡Dato estelar!

La rima Hadley, junto con el macizo cercano *Mons Hadley*, fueron nombrados en honor al matemático e inventor inglés John Hadley. Los inventos de Hadley incluyen mejoras al diseño de telescopios y, junto al inventor Thomas Godfrey, el octante; un instrumento de navegación astronómica que precedió al sextante.

Rima Hadley, desde el Orbitador de Reconocimiento Lunar.

Apolo 15

Esta fotografía, tomada por el astronauta Jim Irwin, muestra a Dave Scott trabajando con el vehículo lunar cerca de la rima Hadley.

El astronauta Dave Scott colocando experimentos.

Apolo 15, en la plataforma de lanzamiento.

25 Montes Alpes

Los Montes Alpes forman la orilla noreste del Mar de la Lluvia (*Mare Imbrium*) y la frontera sur del Mar del Frío (*Mare Frigoris*). Estos montes contienen varios objetivos prominentes, incluyendo el Valle Alpino y el cráter Platón. Es bastante interesante verlos durante el primer cuarto lunar; cuando la mitad de la cordillera cae sobre el terminador, se maximizan las sombras y el contraste.

¡Dato estelar!

Los Montes Alpes llevan el nombre de los Alpes que se encuentran en Europa. Los Alpes europeos se encuentran de forma curva sobre Italia y el Mar Mediterráneo, casi igual que los Alpes lunares sobre el Mar de la Lluvia (*Mare Imbrium*).

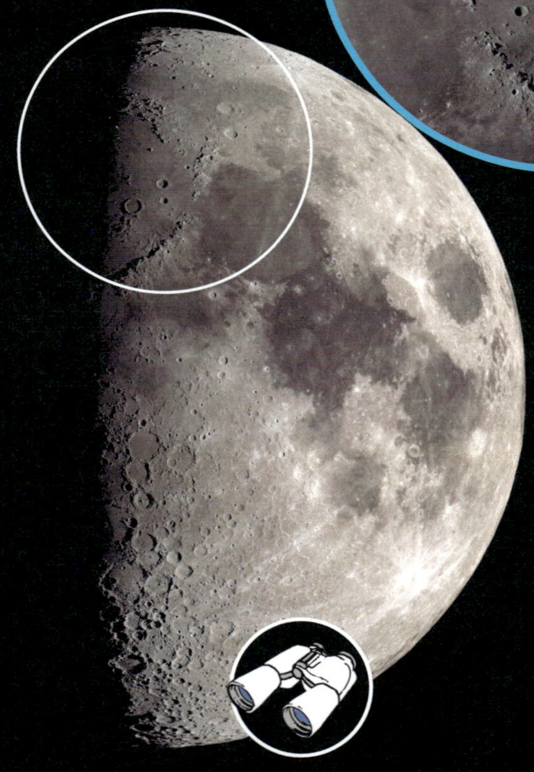

DÍA LUNAR VISIBLE #8
¿Lo has visto?

26 Valle Alpino

El Valle Alpino (*Vallis Alpes*) es mi objetivo lunar favorito. Tiene la apariencia de una espada gigante que penetra los Alpes lunares. El valle mide unos 10 km en su parte más ancha y se extiende a lo largo de 150 km.

¡Dato estelar!

Siempre me he imaginado que este valle fue formado por un asteroide que se estrelló contra las montañas. Sin embargo, no fue el caso. Lo más probable es que el valle estuviera formado por dos fallas, una a cada lado del valle. En geología, el valle entre dos fallas se conoce como "graben". En América del Norte, el graben más famoso es el responsable del lago Tahoe, un popular destino turístico en California. Europa también cuenta con un impresionante graben: el valle del Rin.

DÍA LUNAR VISIBLE #8
¿Lo has visto?

27 Cráter Arquímedes

Arquímedes es un cráter que mide 83 km de ancho y cuenta con un suelo completamente inundado de lava endurecida. Inmediatamente al suroeste, hay un grupo montañoso que lleva el mismo nombre, pero que no son más grandes que el cráter en sí.

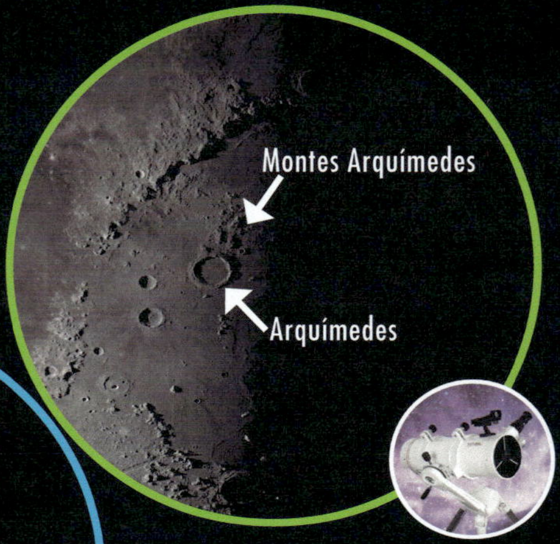

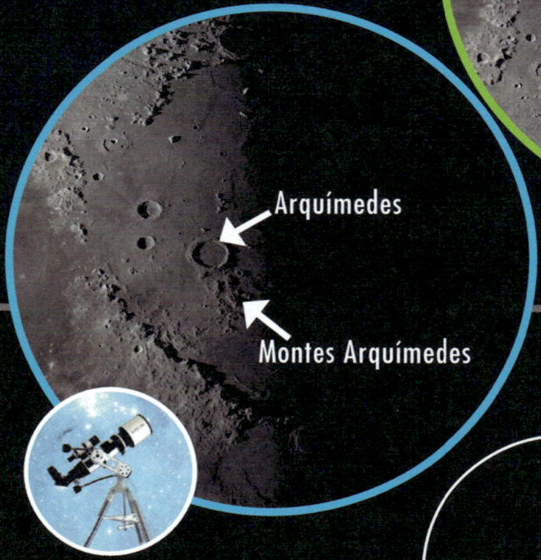

¡Dato estelar!

Este cráter lleva el nombre del matemático griego conocido por descubrir los principios de la flotación, que llevaron a la formulación del principio del equilibrio hidrostático (cuando la presión externa de un gas o líquido está en equilibrio con la gravedad). Aunque su descubrimiento se relaciona principalmente con objetos suspendidos en líquido, el equilibrio hidrostático es fundamental para que los astrofísicos comprendan las propiedades del interior de las estrellas.

DÍA LUNAR VISIBLE #8
¿Lo has visto?

28 Rupes Recta

Rupes Recta es uno de los objetivos más populares para los observadores lunares. Cuando se encuentra a unos pocos cientos de kilómetros del terminador, en el octavo día lunar, su apariencia es muy pronunciada. Este "muro" es más bien una pendiente sutil y no pasa de los 300 m de altura. Lo que hace que esta falla de 110 km de largo parezca tan pronunciada es su misma sombra.

Durante las fases menguantes, la luz solar golpea al Rupes Recta desde la otra dirección y, en lugar de una sombra, podemos ver un acantilado iluminado.

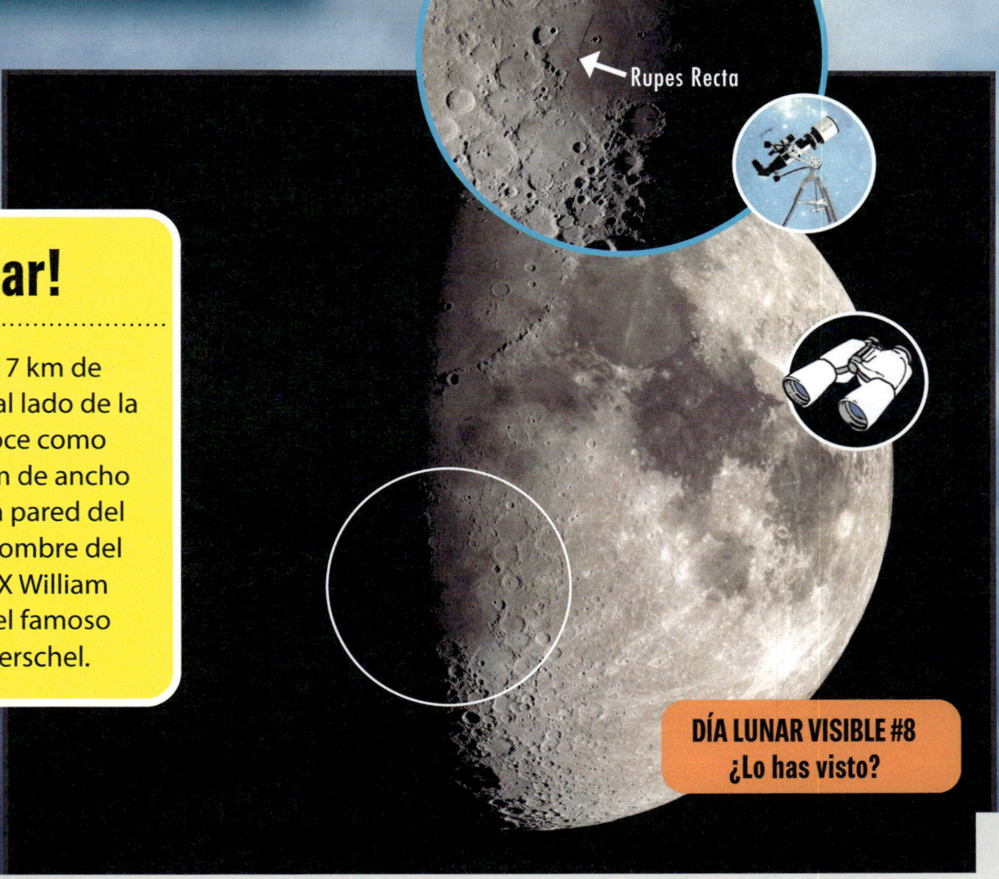

¡Dato estelar!

El pequeño cráter de 17 km de ancho que se encuentra al lado de la Rupes Recta se le conoce como "Birt", con "Birt A" de 7 km de ancho descansando cerca de la pared del cráter Birt. Birt lleva el nombre del astrónomo del siglo XIX William Radcliffe Birt, colega del famoso astrónomo William Herschel.

DÍA LUNAR VISIBLE #8
¿Lo has visto?

Días 9 al 13

Luna gibosa creciente

Día 9

Día 10

Día 11

Día 12

Día 13

Vista desde el hemisferio norte. Los observadores del hemisferio sur la verán con una rotación de 180 grados.

29 Cráter de queso suizo

Con 225 km de diámetro, Clavius es el tercer cráter más grande en el lado visible de la Luna y, como todos los cráteres más grandes, tiene varios cráteres pequeños dentro. El patrón de sus cráteres interiores es bastante sorprendente. Comenzando al este, los cráteres disminuyen de tamaño a medida que siguen un camino arqueado hacia el oeste. Los fanáticos de la ciencia ficción recordarán el cráter de la película *2001: A Space Odyssey*, ya que era la ubicación de la Instalación Administrativa Lunar.

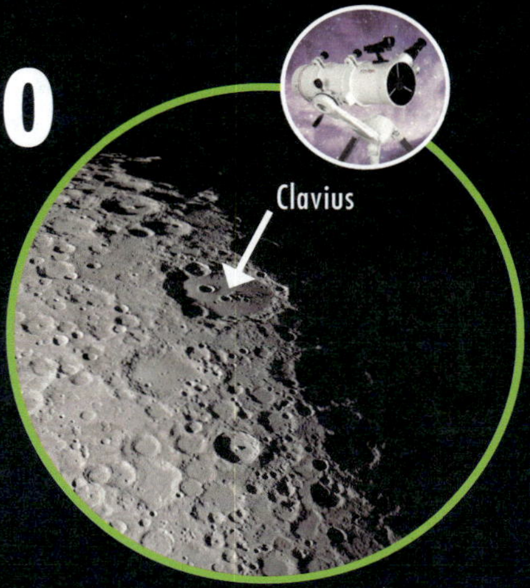

¡Dato estelar!

El cráter Clavius lleva el nombre de Christopher Clavius, un astrónomo y matemático alemán. Clavius pudo usar telescopios poco después de su invención y se maravilló ante la gran cantidad de estrellas que podían revelar. Observó los satélites de Júpiter e incluso comentó sobre los anillos de Saturno, que (debido a la mala óptica) creía que eran estrellas adheridas a la izquierda y derecha del planeta.

DÍA LUNAR VISIBLE #9
¿Lo has visto?

30 Cráter Platón

Platón es un prominente cráter de 101 km de ancho que se encuentra situado entre los Montes Alpes. La característica que define a Platón es que su suelo es oscuro y casi no tiene rasgos distintivos; solo algunos cráteres pequeños son visibles a gran aumento. Si lo miras de cerca, verás una formación triangular en el muro occidental. Esta sección de la pared del cráter se rompió y cayó hacia dentro. En geología, este tipo de formación se denomina "macizo".

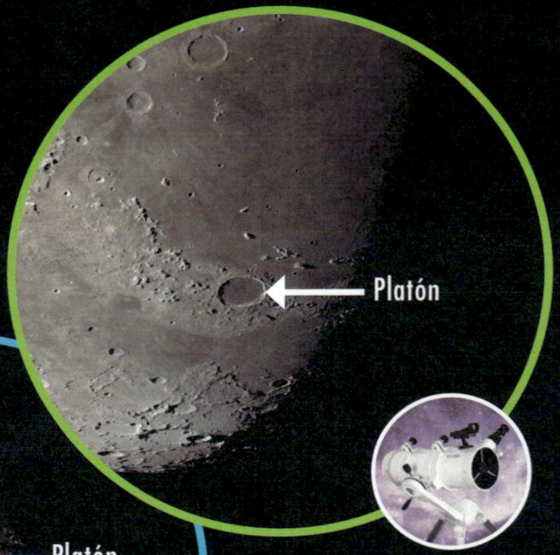

¡Dato estelar!

Este cráter recibió su nombre por el famoso filósofo griego Platón, un hombre que vivió hace unos 2,400 años. El trabajo de Platón, junto con su maestro Sócrates y su alumno Aristóteles, dieron paso al proceso que ahora conocemos como ciencia. Platón creó una escuela y la llamó Academia.

DÍA LUNAR VISIBLE #9
¿Lo has visto?

31 Cráter del bibliotecario

Este profundo cráter de 59 km de ancho se encuentra en la punta sur de los Apeninos. Mide más de 3.5 km de profundidad y su suelo permanece en la sombra después de que el terminador cruza el cráter, alrededor del octavo día lunar. Cuando esté sumergido en la luz solar del día 9, podrás observar un gran pico central y unas laderas escalonadas.

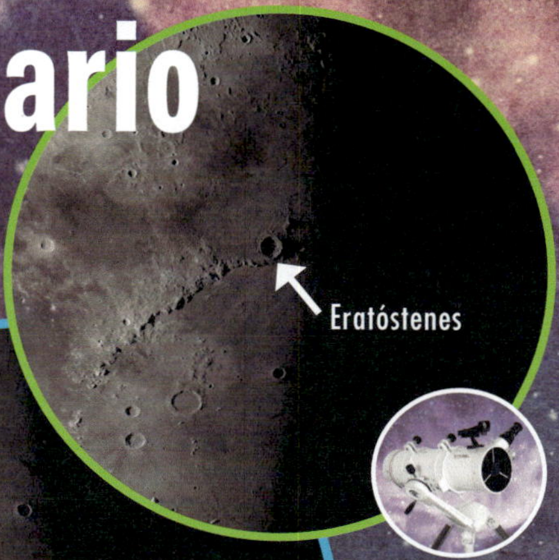

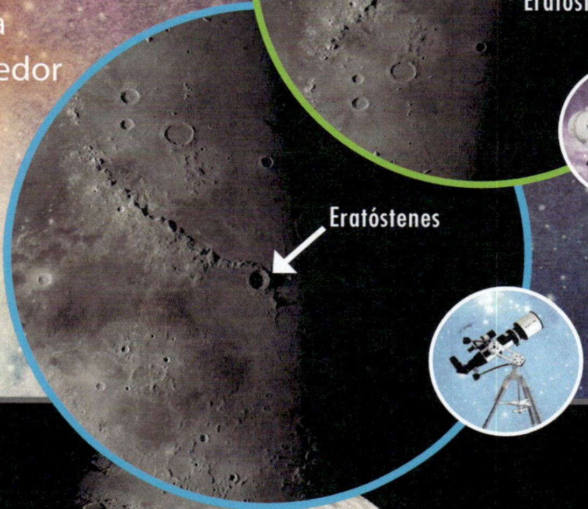

¡Dato estelar!

Eratóstenes lleva el nombre del famoso matemático y astrónomo griego que determinó la circunferencia de la Tierra por primera vez. Su idea era medir la longitud de una sombra en dos ciudades ubicadas a una distancia conocida. Usó una ciudad llamada Syene (Asuán), donde el Sol, en el solsticio de verano, está justo encima y no proyecta sombra sobre una barra vertical. Al mismo tiempo, en Alejandría, una ciudad al norte, midió un ángulo de siete grados en la sombra. Conociendo la distancia entre las ciudades y la diferencia en el ángulo de la sombra, Eratóstenes pudo calcular la circunferencia de la Tierra dentro del 10 por ciento del valor aceptado. Debido a sus grandes contribuciones en diferentes campos, Eratóstenes fue nombrado director de la Biblioteca de Alejandría.

32 M lunar (Montes Riphaeus)

Con solo 150 km de longitud, esta pequeña y prominente cordillera separa el Océano de las Tormentas (*Oceanus Procellarum*) y el mar que se conoce como *Mare Cognitum*. Los Montes Riphaeus son un objetivo fácil de identificar, ya que parecen una µ minúscula manuscrita o Mu ("m" en el alfabeto griego) inversa al espejo.

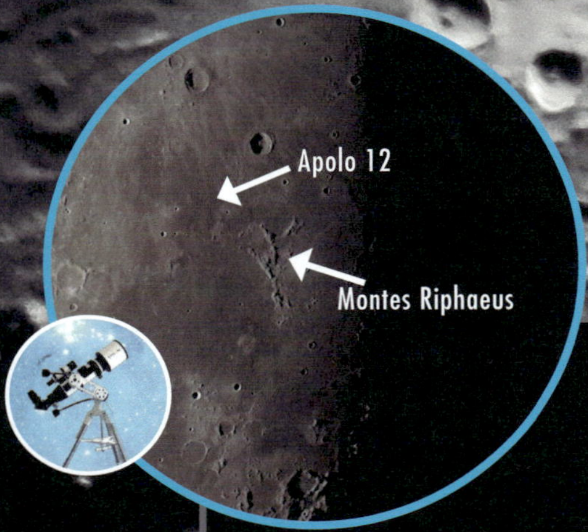

¡Dato estelar!

El 19 de noviembre de 1969, los astronautas del Apolo 12, Pete Conrad y Alan Bean, aterrizaron 100 km al norte de los Montes Riphaeus. Esta fue la segunda misión Apolo en llevar humanos a la Luna. Conrad, el piloto del módulo lunar, hizo un aterrizaje a 160 m de otra nave espacial, el Surveyor 3.

DÍA LUNAR VISIBLE #10
¿Lo has visto?

"¡Yupi! Para Neil habrá sido un pequeño paso, pero para mí es uno grande".
– Las primeras palabras de Pete Conrad desde la superficie lunar mientras descendía de la escalera del módulo de aterrizaje.

Alan Bean y el Surveyor 3.

Alan Bean descendiendo del módulo lunar.

El Apolo 12 despegó en un clima menos que óptimo. El cohete fue alcanzado por un rayo durante el lanzamiento (algo que sucede con frecuencia a los aviones). Esto causó que varios instrumentos de vuelo se reiniciaran, pero todo volvió a la normalidad (afortunadamente).

33 Montes Recti

Los Montes Recti son una cadena montañosa de 90 km de largo que se eleva casi 2 km en el extremo norte del *Mare Imbrium* (Mar de la Lluvia). Estos montes son parte de los restos de la pared de la cuenca interior de este mar lunar.

El vehículo lunar chino Yutu fotografiado desde el módulo de aterrizaje Chang'e 3.

¡Dato estelar!

A solo 100 km al sur de esta formación, yace la zona de aterrizaje del primer vehículo lunar chino. La nave espacial, Chang'e 3, recibió el nombre de una diosa lunar de la mitología china, mientras que el nombre del vehículo era *Yutu*, que significa Conejo de Jade, una mascota de la diosa.

DÍA LUNAR VISIBLE #10
¿Lo has visto?

34 Cráter Copernicus

El cráter Copernicus produce algunos de los destellos más brillantes de toda la Luna, aunque Tycho lo supera. Sin embargo, estando cerca del terminador, en el noveno día, los rayos de Copernicus apenas son visibles. Es mejor que observes los picos centrales y las paredes escalonadas.

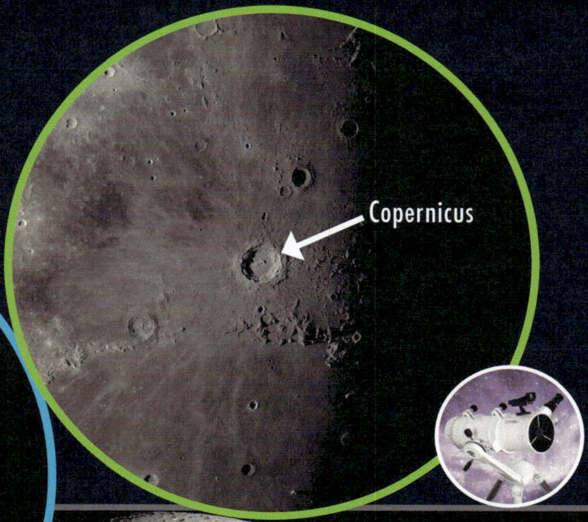

¡Dato estelar!

El cráter lleva el nombre de Nicolás Copérnico, un astrónomo y matemático polaco que colocó el Sol en el centro del universo. Antes de Copérnico, el modelo geocéntrico tenía la Tierra en el centro.

DÍA LUNAR VISIBLE #10
¿Lo has visto?

35 Montañas en zigzag

Los Montes Cárpatos (*Montes Carpatus*) se encuentran cerca de Copernicus, en el extremo sur del Mar de la Lluvia (*Mare Imbrium*). Esta cordillera de 400 km de largo parece zigzaguear por el terreno, aunque algunos cráteres pequeños interrumpen ese patrón. El cráter más grande de la cordillera, T. Mayer, tiene solo 33 km de ancho.

¡Dato estelar!

Los Montes Cárpatos de la Tierra recorren siete países diferentes de Europa oriental. El nombre de estas montañas fue registrado por primera vez por Claudio Ptolomeo en un atlas del siglo II para el Imperio Romano. Por ello, el cráter Ptolomeo recibió el nombre de este importante astrónomo y geógrafo romano.

DÍA LUNAR VISIBLE #10
¿Lo has visto?

36 Cráter con capa

Bullialdus es un cráter prominente de 61 km de ancho que se encuentra en el borde occidental del Mar de las Nubes (*Mare Nubium*). El cráter tiene un manto pronunciado de eyección; es decir, tierra y rocas arrojadas por el impacto original. El manto es más escarpado de un lado, dándole la apariencia de una capa de héroe vista desde arriba. Los dos cráteres vecinos al sur se llaman simplemente Bullialdus A (26 km de ancho) y Bullialdus B (21 km de ancho).

¡Dato estelar!

Bullialdus lleva el nombre del astrónomo y sacerdote francés Ismaël Bullialdus, conocido por su libro *Astronomia Philolaica* de 1645. Bullialdus hizo todo lo posible para reconciliar la observación de que los planetas viajan alrededor del Sol en elipses (un concepto que él aceptaba) con la noción previamente aceptada de que los planetas deben viajar en círculos (un concepto basado meramente en la religión).

DÍA LUNAR VISIBLE #10
¿Lo has visto?

37 Dos islas

Este par de cráteres aparece alrededor del noveno día cerca del cráter Copernicus en una región nombrada como el Mar de las Islas (*Mare Insularum*). Reinhold (48 km de ancho) es más grande que Lansberg (39 km de ancho). Entre estos cráteres, casi a mitad de camino, se encuentra el sitio de impacto de la tercera fase (S-IVB) del Apolo 16. Después de acelerar a la nave Apolo a la velocidad apropiada, los propulsores fueron desechados y piloteados intencionalmente hacia la Luna como parte de un experimento de ondas sísmicas. El S-IVB golpeó la superficie lunar a varios miles de kilómetros por hora, formando cráteres de unos 40 m de ancho (tendrían que ser 50 veces más anchos para ser visibles desde la Tierra). En 2015, el cráter Apolo 16 S-IVB fue descubierto por el Orbitador de Reconocimiento Lunar de la NASA.

Tercera etapa del Saturn 5.

¡Dato estelar!

El cráter Reinhold lleva el nombre del astrónomo alemán Erasmus Reinhold, mientras que Lansberg lleva el nombre del astrónomo holandés Johan Philip Lansberge.

DÍA LUNAR VISIBLE #10
¿Lo has visto?

38 Rayos de Kepler

El cráter Kepler, de 29 km de diámetro, es uno de los tres cráteres con "rayos" que se encuentra cerca de la parte oeste de la Luna. Tiene tantos rayos (puedo contar al menos diez segmentos individuales) que casi parece el dibujo del Sol. Durante la Luna llena, estos cráteres forman parte del triángulo lunar mencionado en la sección Luna llena.

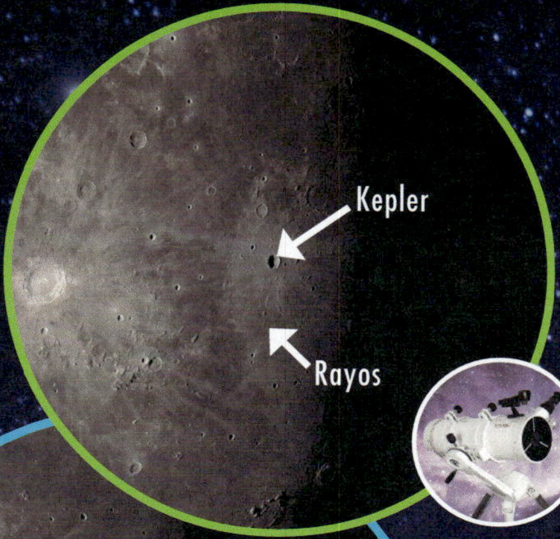

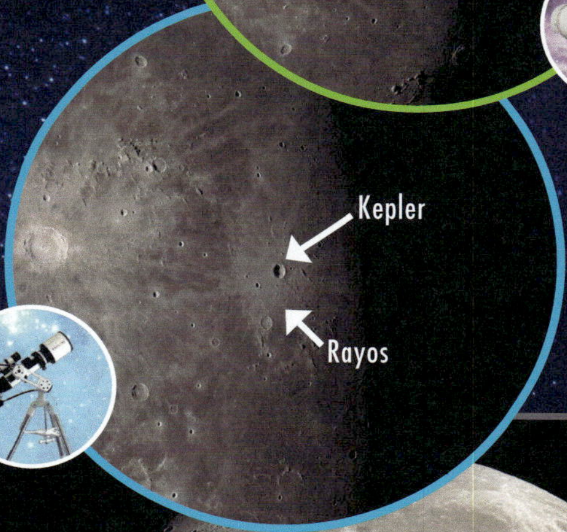

Las tres leyes de Kepler (parafraseadas):

1. Los planetas se mueven en órbitas elípticas, con el Sol en uno de los focos.
2. Los planetas barren áreas iguales en tiempos iguales.
3. El cuadrado del período de revolución de un planeta T (en años) es igual al cubo de su semieje mayor a (en unidades astronómicas, el radio promedio de la órbita de la Tierra); es decir, $T^2 = a^3$.

¡Dato estelar!

El cráter Kepler lleva el nombre de Johannes Kepler, una de las figuras más importantes de la astronomía. Usando datos del astrónomo Tycho Brahe, Kepler desarrolló las tres leyes del movimiento planetario. Estas leyes, junto con la ley de Newton sobre la gravitación universal, son esenciales para comprender las órbitas planetarias y calcular las órbitas de las naves que enviamos al espacio profundo. Los estudiantes de astrofísica usan la tercera ley de Kepler todo el tiempo.

DÍA LUNAR VISIBLE #11
¿Lo has visto?

39 Anillo de diamantes

Gassendi, apodado el "anillo de diamante", es un cráter complejo de 110 km de ancho con un suelo lleno de colinas y hendiduras que se cruzan en todas direcciones. Su vecino, Gassendi A, forma el diamante del anillo. Aunque Gassendi A tiene 33 km de ancho y bordes altos, este pequeño cráter es mucho más profundo que Gassendi.

¡Dato estelar!

Este cráter lleva el nombre de Pierre Gassendi, un astrónomo y filósofo francés del siglo XVII. Gassendi recibió equipo telescópico de Galileo y lo usó para realizar observaciones minuciosas de la posición de los planetas. Fue la primera persona en observar el paso de Mercurio a través del Sol, un evento que ocurre una o dos veces por década.

DÍA LUNAR VISIBLE #11
¿Lo has visto?

40 Bahía del Arcoíris

La Bahía del Arcoíris (*Sinus Iridum*) descansa sobre la esquina noroeste del Mar de la Lluvia (*Mare Imbrium*). Puedes verla ¡incluso con binoculares! Los Montes Jura rodean la bahía, formando un semianillo hacia el mar lunar en dos puntos (promontorio), llamados Laplace en el norte y Heráclides en el sur. A unos 50 km al sur de Heraclides, se encuentra el lugar de aterrizaje de Luna 17, una sonda espacial soviética no tripulada de 1970. Esta sonda venía con un vehículo lunar de ocho ruedas llamado Lunokhod 1. Los soviéticos pilotearon este vehículo durante 322 días, en los cuales, viajó más de 10 km.

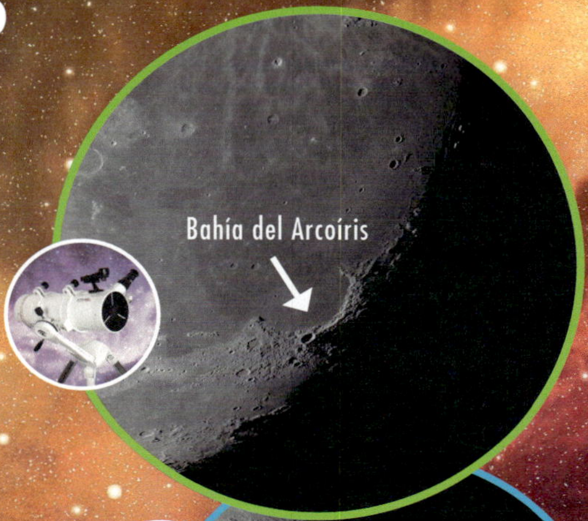

El vehículo soviético Lunokhod 1.

¡Dato estelar!

Los montes que rodean esta bahía reciben su nombre por los montes Jura, ubicadas entre Francia y Suiza, parte de los Alpes occidentales.

DÍA LUNAR VISIBLE #11
¿Lo has visto?

41 El cráter pepinillo

Los cráteres casi siempre son circulares. Sin embargo, un impacto muy superficial crearía una forma alargada. Con 179 km de largo y solo 71 km de ancho, este cráter podría haber sido el resultado del impacto de dos asteroides en ángulos muy bajos. Después de (los) impacto(s), la lava se elevó hacia el suelo del cráter, combinando los cráteres y creando una depresión alargada.

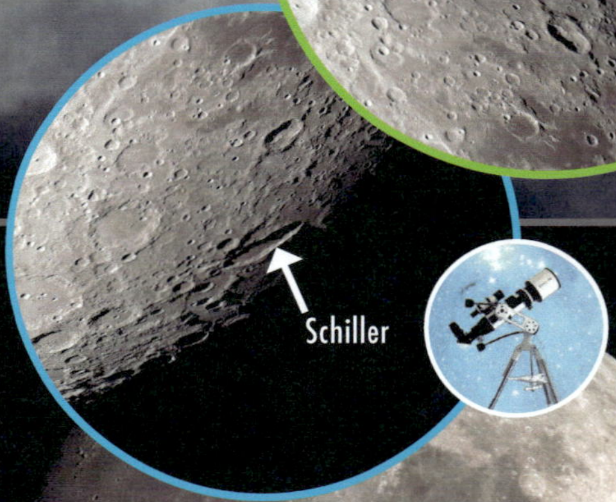

¡Dato estelar!

El cráter Schiller lleva el nombre de Julius Schiller, autor del libro *Coelum Stellatum Christianum (Un Atlas Estelar Cristiano)* de 1627. En este libro, Schiller intentó reemplazar todas las constelaciones clásicas, que se basan en la mitología griega y romana, con símbolos cristianos y personajes bíblicos.

Una página del *Coelum Stellatum Christianum*.

DÍA LUNAR VISIBLE #11
¿Lo has visto?

42 Cabeza de cobra

Alrededor del doceavo día del ciclo lunar, aparece una de las características más interesantes de la Luna. Al oeste, se encuentra el brillante cráter Aristarco, justo en el prominente Valle de Schröter. Un cráter inundado llamado Herodotus descansa al final del valle, como si fuera la cabeza de una cobra.

Aunque Aristarco únicamente tiene unos 40 km de diámetro, es uno de los cráteres más brillantes de la Luna. Cuando hablamos del brillo de la superficie lunar, en realidad estamos hablando del **albedo**: las propiedades reflectantes de diferentes polvos y rocas lunares. Por ejemplo, una roca que contiene mucho hierro tendrá una apariencia oscura, mientras que la **brecha**, que tiene propiedades similares al vidrio, es más reflejante.

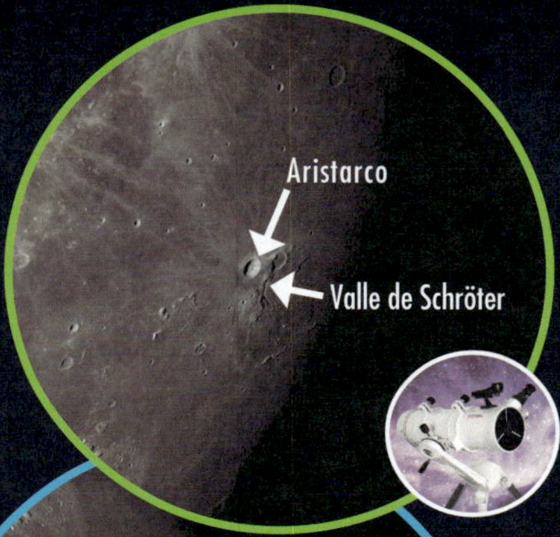

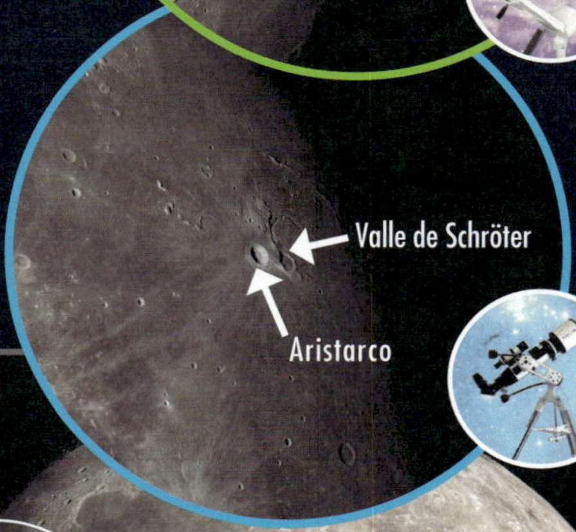

¡Dato estelar!

El astrónomo griego Aristarco vivió en el siglo III a.n.e. y fue una de las primeras personas en proponer un modelo que colocara el Sol al centro del universo. Sin embargo, ya que vivió mucho antes de la invención del telescopio, sus hipótesis eran imposibles de probar y un modelo geocéntrico (centrado en la Tierra) del universo dominó durante casi 1,800 años más. El Valle de Schröter lleva el nombre de Johann Hieronymus Schröter, conocido por estudiar la topografía de la Luna y Marte.

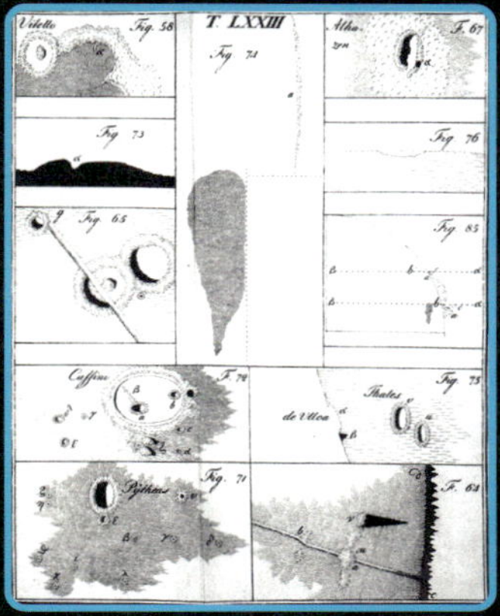

Mapas de Schröter con características lunares.

DÍA LUNAR VISIBLE #12
¿Lo has visto?

43 Cráter parchado

El cráter Schickard (227 km de ancho), es muy grande. Aunque sea circular, tiene una apariencia alargada. Esto se debe a que está ubicado cerca de la extremidad de la Luna (el borde de la parte visible de la Luna) y lo estamos viendo desde un ángulo bajo. El suelo de este cráter está parcialmente inundado de lava, dándole un aspecto texturizado con parches brillantes y oscuros.

Schickard visto directamente desde arriba por el Orbitador de Reconocimiento Lunar.

¡Dato estelar!

Este cráter recibió el nombre de un profesor e inventor alemán llamado Wilhelm Schickard. Schickard era amigo de Johannes Kepler, el hombre conocido por desarrollar las leyes del movimiento planetario. A Schickard se le atribuye el diseño de máquinas calculadoras para matemáticas y la astrodinámica.

Pintura de Wilhelm Schickard sosteniendo un modelo mecánico del sistema solar.

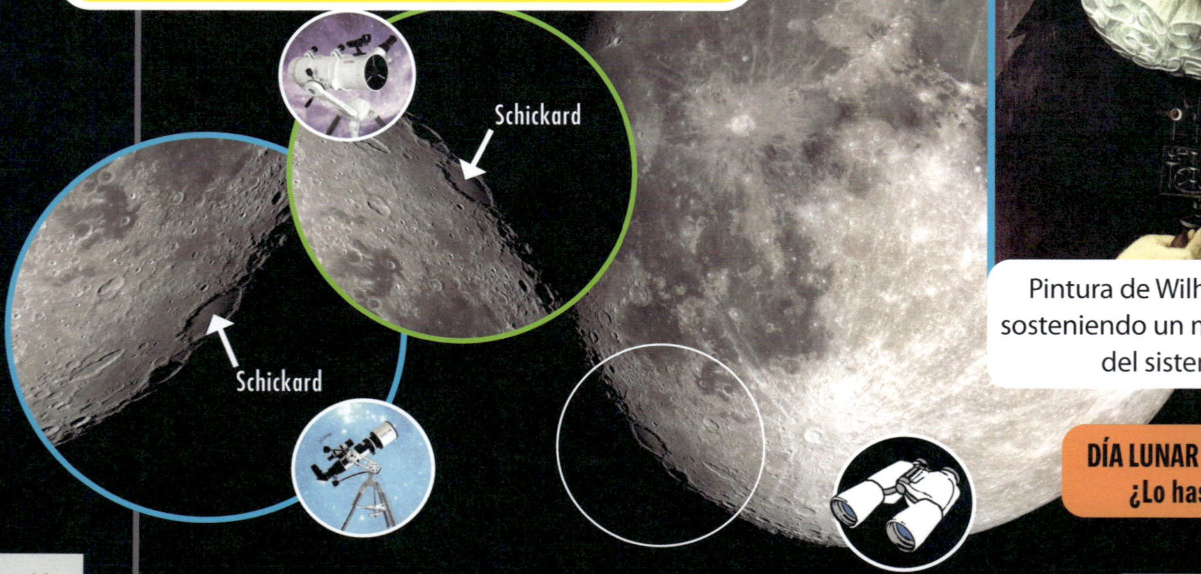

DÍA LUNAR VISIBLE #12
¿Lo has visto?

44 Remolinos lunares

Estos extraños patrones en la superficie lunar parecen pinturas mezcladas sobre una paleta. Estas formaciones son completamente planas y, por lo tanto, no proyectan sombras. Los científicos han propuesto varios modelos para explicar estas características; la mayoría de las hipótesis involucran campos magnéticos locales o vientos solares que influyen en las partículas de polvo cargadas eléctricamente. Estas características se encuentran en numerosas partes de la Luna, pero el remolino más interesante y prominente se conoce como Reiner Gamma, ubicado justo al oeste del cráter Reiner (que se encuentra a unos 500 km al oeste del cráter Kepler).

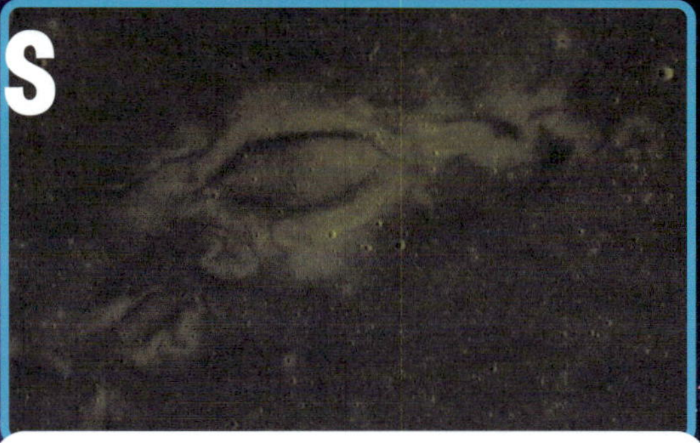

Imagen del remolino lunar Reiner Gamma tomada del Orbitador de Reconocimiento Lunar.

¡Dato estelar!

El remolino Reiner Gamma, asociado con el cráter cercano Reiner, lleva el nombre del astrónomo italiano Vincentio Reinieri. Reinieri fue discípulo de Galileo y mejoró las observaciones de Galileo sobre las lunas de Júpiter.

DÍA LUNAR VISIBLE #13
¿Lo has visto?

45 Domo de domos

Cerca de la extremidad noroeste se encuentra un montículo de 73 km de ancho; casi como un cráter invertido. El complejo volcánico en forma de domo, llamado *Mons Rümker*, está acentuado por varios domos más pequeños. Este objeto solo se puede ver alrededor del treceavo día lunar, cuando el terminador se acerca a la extremidad occidental. Una vez que el Sol llega a su punto máximo en este lugar, la estructura se mezcla con su entorno. Además, la **libración** de la Luna afectará la visibilidad de este objeto.

¡Dato estelar!

Esta formación lleva el nombre del astrónomo alemán y director del Observatorio de Hamburgo, Karl Rümker. Rümker vivió desde 1788 hasta 1862 y, como tal, es uno de los últimos individuos en tener su nombre en una gran formación lunar.

DÍA LUNAR VISIBLE #13
¿Lo has visto?

46 Grimaldi: El cráter de suelo oscuro

Grimaldi es una cuenca lunar (o un gran cráter de suelo oscuro) mejor vista en los días previos y posteriores de la Luna llena. Al igual que un mar lunar, su fondo oscuro contrasta con los cráteres más brillantes y los montes que lo rodean, tanto que este cráter de 172 km de ancho es claramente visible a través de binoculares.

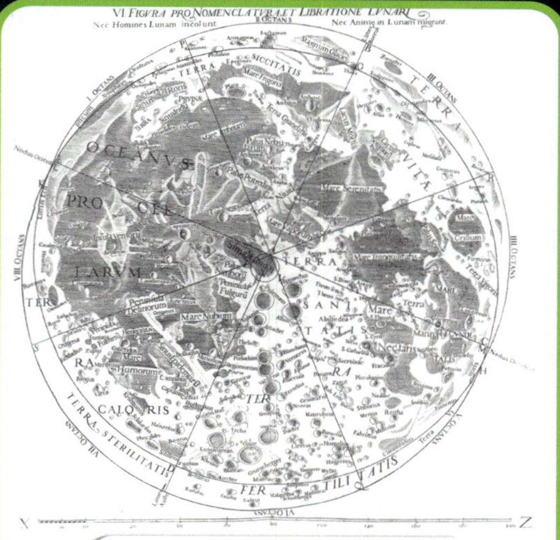

El selenógrafo de Grimaldi y Riccioli.

¡Dato estelar!

Este cráter lleva el nombre de Francesco Maria Grimaldi, un sacerdote jesuita y astrónomo del siglo XVII. Grimaldi, junto con Giovanni Riccioli, crearon un mapa lunar llamado **selenógrafo**. Este mapa lunar se utilizó para elegir los nombres de los cráteres lunares. Dado que tanto Grimaldi como Riccioli eran sacerdotes, no es de extrañar que otros sacerdotes jesuitas (la mayoría de los cuales también eran científicos) sean honrados con cráteres en su nombre.

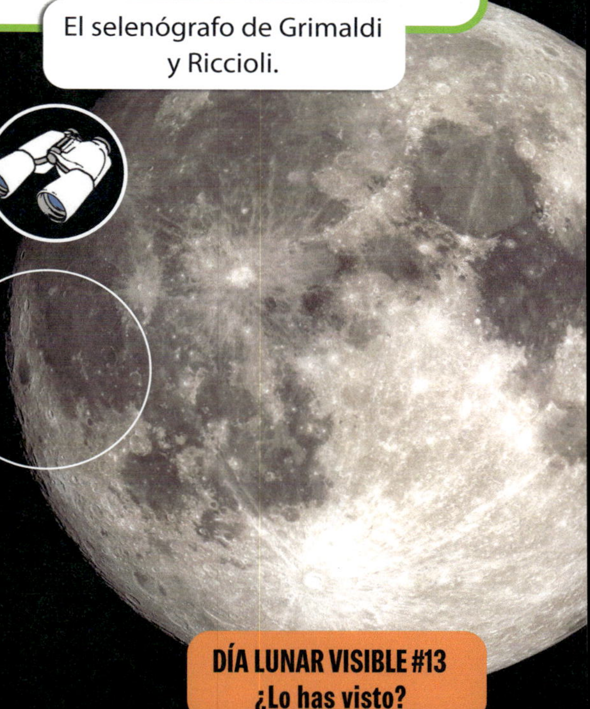

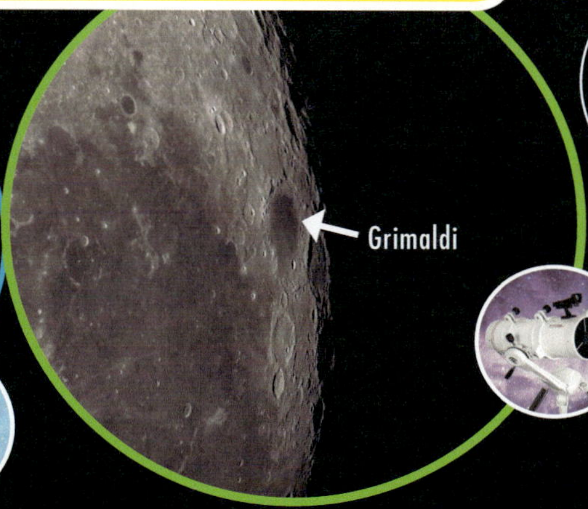

DÍA LUNAR VISIBLE #13
¿Lo has visto?

Día 14
Luna llena

Vista desde el hemisferio norte. Los observadores del hemisferio sur la verán con una rotación de 180 grados.

Cuando presencies la Luna llena, tómate el tiempo y échale un vistazo a los demás cráteres y objetos que has visto los últimos 13 días del ciclo lunar. La mayoría de estos objetos están inundados de luz solar y muchos son casi invisibles bajo la cegadora luz de la Luna llena. Sin embargo, algunas características parecen transformarse bajo luz solar directa, ya que sus propiedades reflejantes resaltan regiones desconocidas de la superficie lunar.

47 Tycho

Aunque puedes ver este cráter de 85 km de ancho desde el octavo día lunar, Tycho no brilla sino hasta varios días después. Durante la Luna llena, puedes verlo en todo su esplendor, justo cuando su eyección se arquea a través de gran parte del disco lunar. En 1968, la NASA aterrizó una nave llamada Surveyor 7 en el borde de este cráter. Esta nave fue parte de la última misión robótica a la Luna antes de que llegaran los astronautas en 1969.

Cráter Tycho desde la superficie lunar, fotografiado por la sonda Surveyor 7.

¡Dato estelar!

Tycho lleva el nombre del astrónomo danés Tycho Brahe. Sus mediciones de gran precisión sobre la posición de los planetas permitieron que Johannes Kepler pudiera desarrollar las tres leyes del movimiento planetario. Tycho murió en 1601, siete años antes de la invención del telescopio.

Grabado de Tycho Brahe en el Museo de Bellas Artes de Houston.

DÍA LUNAR VISIBLE #14
¿Lo has visto?

48 Triángulo lunar

El triángulo lunar se puede ver el día anterior y varios días después de la Luna llena. Está formado por la intersección de los rayos de tres cráteres: Kepler, Copernicus y Aristarco.

De la misma manera en que estos tres cráteres están unidos, los hombres que llevan su nombre también están unidos en la historia. En el siglo XV, en la "Revolución de Copérnico" se hizo un llamado al cambio para establecer que el universo está centrado en el Sol. Sin embargo, Copérnico creía que estaba volviendo a la sabiduría antigua, ya que Aristarco, 1,800 años antes, fue quien originalmente había promovido la idea de que la Tierra no estaba en el centro del sistema solar.

Luego, Kepler ideó sus leyes y sentó las bases matemáticas que solidificaron maravillosamente la idea de que la Tierra y los planetas orbitan alrededor del Sol.

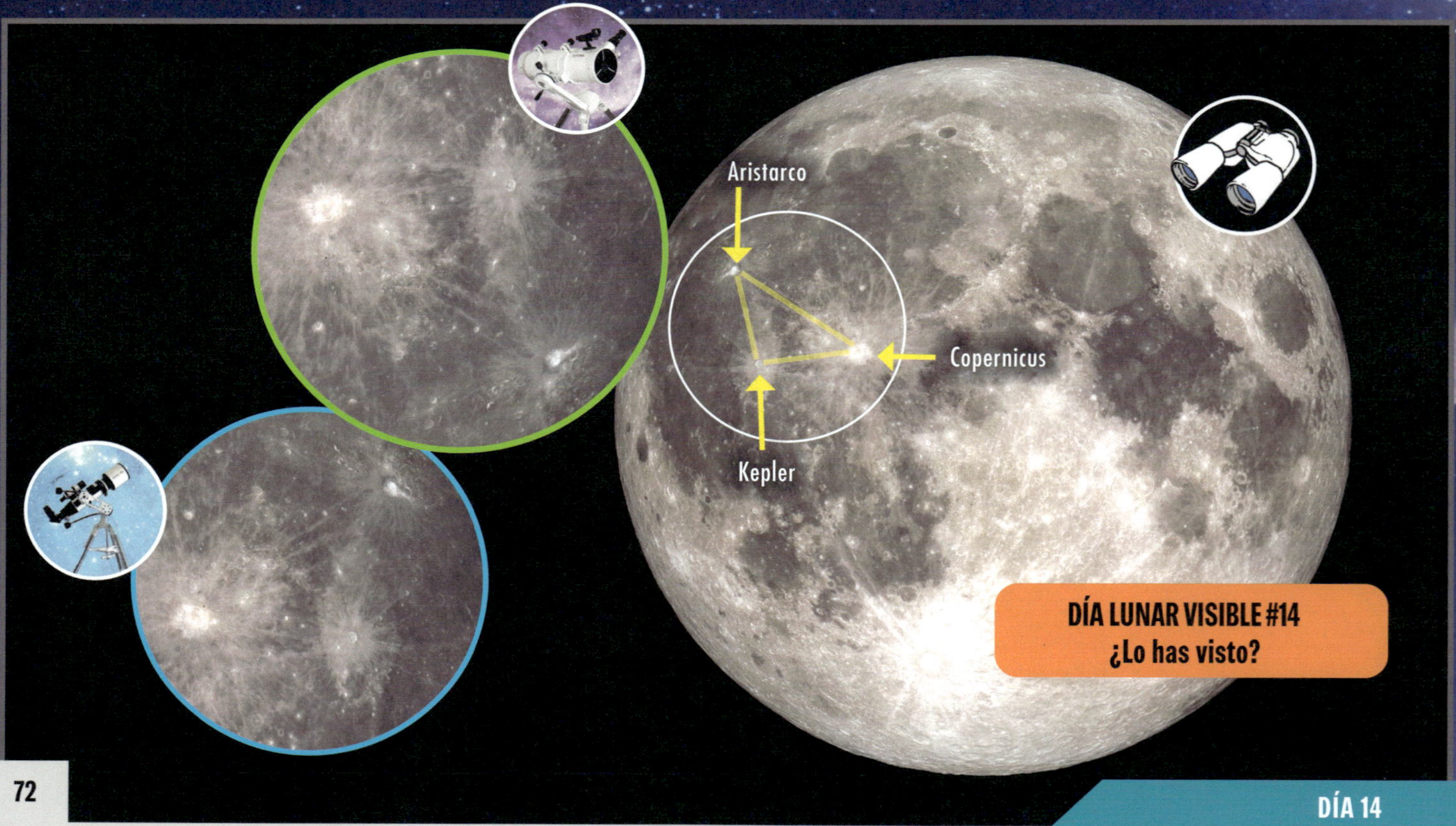

49 Par brillante

Furnerius A, de 10 km de ancho, es un cráter satélite adyacente a uno de la "Banda de los cuatro". Está unido a Stevinus A, un cráter de 8 km de ancho. Estos dos cráteres son muy brillantes durante la Luna llena; cada uno tiene rayos prominentes que se extienden por más de 100 km a través de la superficie lunar.

Un yate terrestre inventado por Stevin alrededor del año 1600.

¡Dato estelar!

Stevinus A (y el cráter mayor, Stevinus) llevan el nombre de un ingeniero belga llamado Simon Stevin, conocido por aplicar las leyes de la física y las matemáticas a problemas de ingeniería. Quizás su invento más impresionante fue el yate terrestre, un carro impulsado por el viento que viajaba a gran velocidad por la playa.

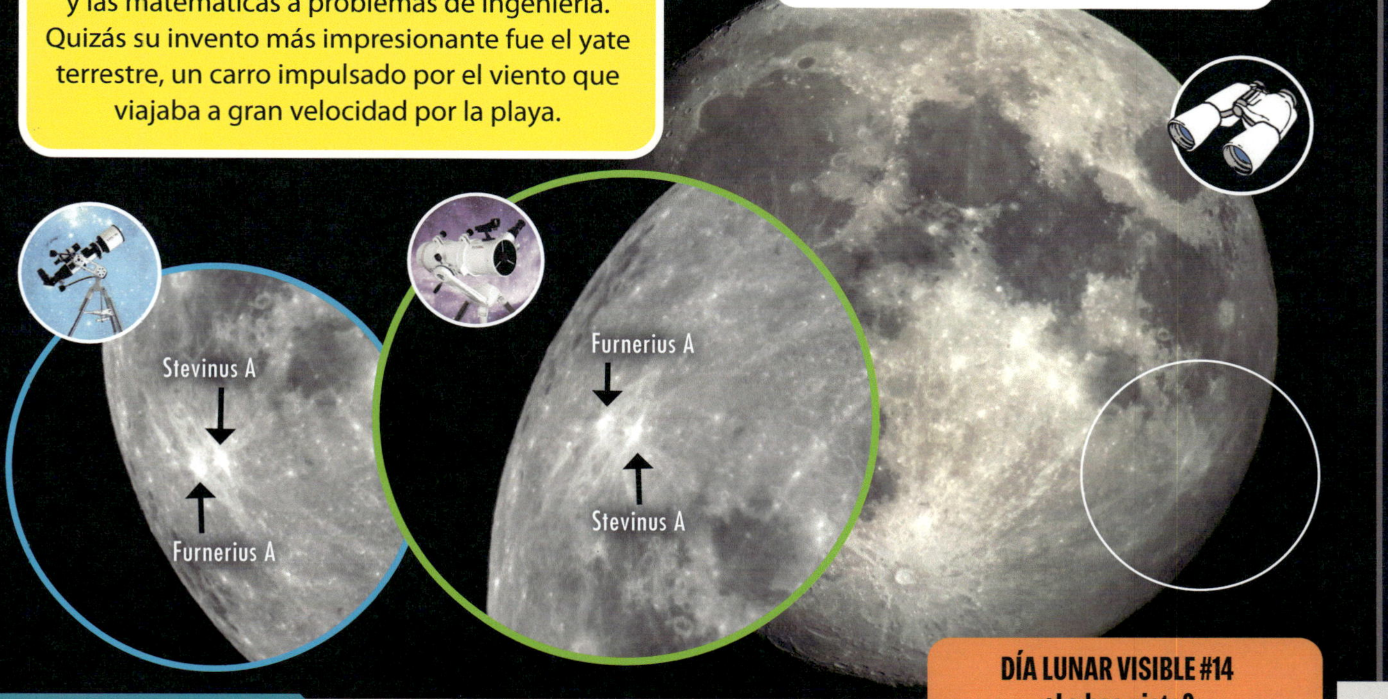

DÍA LUNAR VISIBLE #14
¿Lo has visto?

50 Pantano del sueño

Este es el diminuto cráter Proclus, de 28 km de ancho. Apenas se nota cuando aparece durante la fase creciente. En Luna llena, es uno de los cráteres más brillantes, con eyecciones que se proyectan en forma de abanico sobre los montes y mares cercanos. Si lo miras de cerca, notarás que justo debajo de Proclus, aparece una parte del mar lunar llamada "Pantano del sueño" (*Palus Somni*) Esta área es mucho más brillante (tiene un albedo alto) que el Mar de la Tranquilidad en la frontera suroeste del pantano.

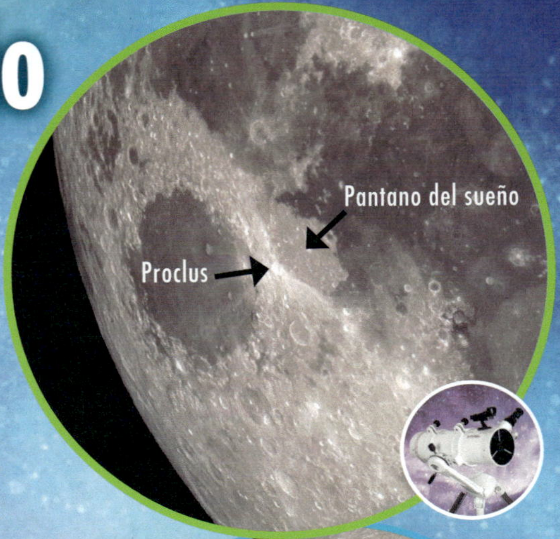

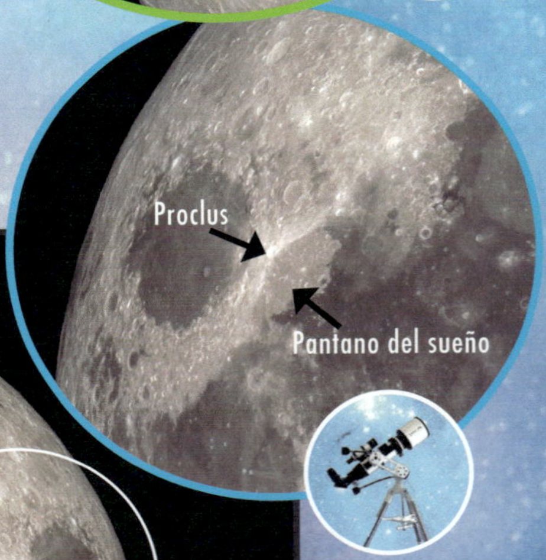

¡Dato estelar!

Proclus lleva el nombre del antiguo filósofo Proclus Lycaeus, que vivió en el siglo V a.n.e. Proclus es reconocido por sus comentarios sobre filósofos anteriores, como Platón, y por ser la cabeza de la Academia de Atenas durante casi 50 años.

DÍA LUNAR VISIBLE #14
¿Lo has visto?

Características notables de la cara oculta de la Luna

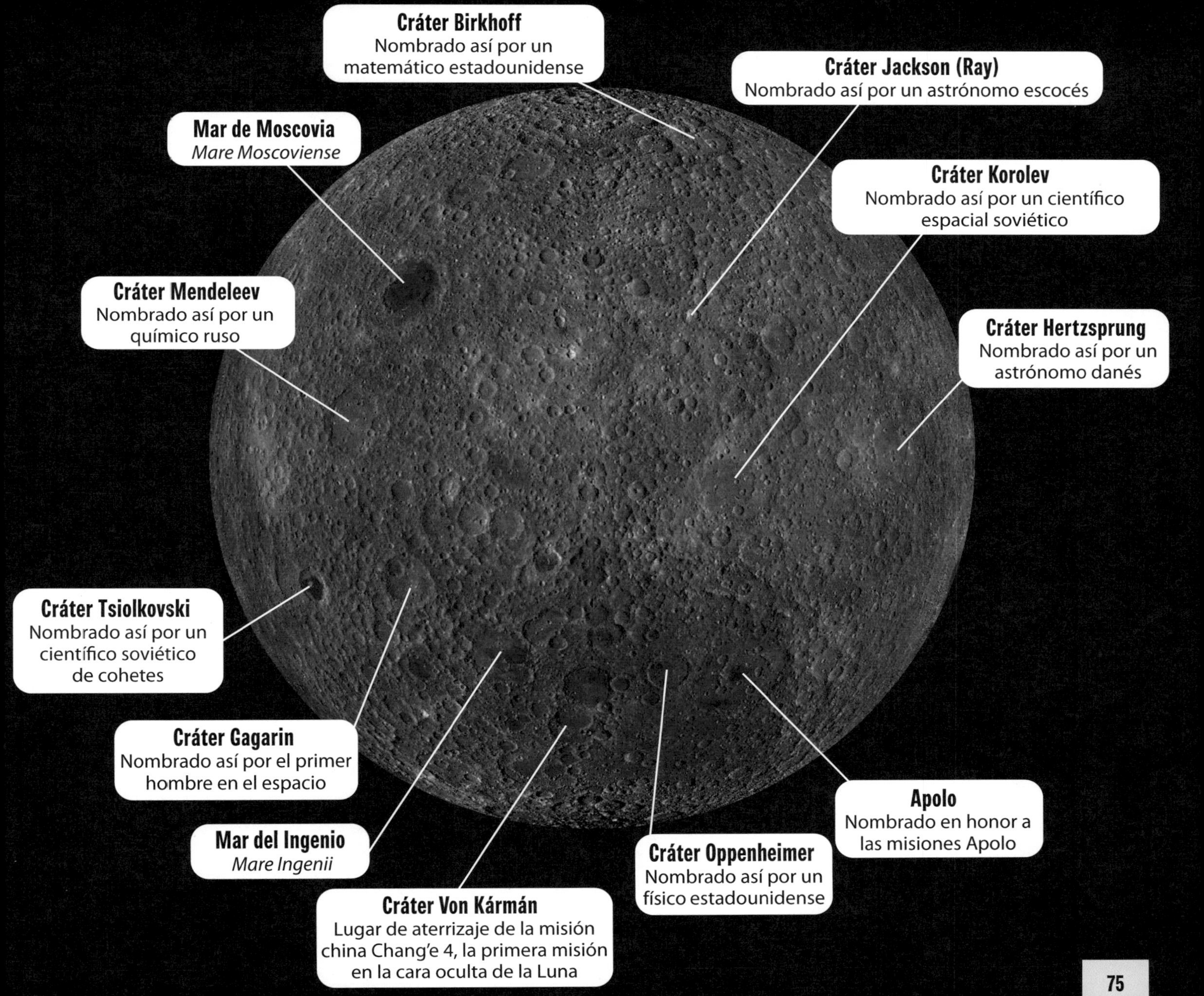

Apéndice 1
Calendario de eclipses lunares

FECHA DEL CALENDARIO	TIPO DE ECLIPSE	HORA DE MAYOR OCULTACIÓN (UT ~ UTC)	DURACIÓN DEL ECLIPSE	VISIBILIDAD DEL ECLIPSE (REGIÓN GEOGRÁFICA)
16 de julio de 2019	Parcial	21:32	2h 58m	América del Sur, Europa, África, Asia, Australia
26 de mayo de 2021	Total	11:20	3h 07m	Este de Asia, Australia, Pacífico, América
19 de noviembre de 2021	Parcial	9:04	3h 28m	América, norte de Europa, este de Asia, Australia, Pacífico
16 de mayo de 2022	Total	4:13	3h 27m	América, Europa, África
8 de noviembre de 2022	Total	11:00	3h 40m	Asia, Australia, Pacífico, América
28 de octubre de 2023	Parcial	20:15	1h 17m	Este de América, Europa, África, Asia, Australia
18 de septiembre de 2024	Parcial	2:45	1h 03m	América, Europa, África
14 de marzo de 2025	Total	7:00	3h 38m	Pacífico, América, Europa Occidental, África Occidental
7 de septiembre de 2025	Total	18:13	3h 29m	Europa, África, Asia, Australia
3 de marzo de 2026	Total	11:35	3h 27m	Este de Asia, Australia, Pacífico, América
28 de agosto de 2026	Parcial	4:14	3h 18m	Este del Pacífico, América, Europa, África
12 de enero de 2028	Parcial	4:14	0h 56m	América, Europa, África
6 de julio de 2028	Parcial	18:21	2h 21m	Europa, África, Asia, Australia
31 de diciembre de 2028	Total	16:53	3h 29m	Europa, África, Asia, Australia, Pacífico
26 de enero de 2029	Total	3:23	3h 40m	América, Europa, África, Medio Oriente
20 de diciembre de 2029	Total	22:43	3h 33m	América, Europa, África, Asia
15 de junio de 2030	Parcial	18:35	2h 24m	Europa, África, Asia, Australia

Predicciones de eclipses por Fred Espenak, Centro de Vuelos Espaciales Goddard de la NASA

Apéndice 2
Calendario de eclipses solares

FECHA DEL CALENDARIO	TIPO DE ECLIPSE	HORA DE MAYOR OCULTACIÓN (UTC)	VISIBILIDAD DEL ECLIPSE (REGIÓN GEOGRÁFICA)
2 de julio de 2019	Total	19:24	**Total:** Argentina y Chile central, Archipiélago de Tuamotu. **Parcial:** Sudamérica, Isla de Pascua, Islas Galápagos, Sur de Centroamérica, Polinesia.
26 de diciembre de 2019	Anular	5:18:53	**Anular:** noreste de Arabia Saudita, Bahrein, Qatar, Emiratos Árabes Unidos, Omán, Laquedivas, sur de la India, Sri Lanka, norte de Sumatra, sur de Malasia, Singapur, Borneo, Indonesia central, Palaos, Micronesia, Guam. **Parcial:** Asia, Melanesia occidental, noroeste de Australia, Medio Oriente, África oriental.
21 de junio de 2020	Anular	6:41:15	**Anular:** República Democrática del Congo, Sudán, Etiopía, Eritrea, Yemen, Desierto de Rub al-Jali, Omán, sur de Pakistán, norte de India, Nueva Delhi, Tíbet, sur de China, Chongqing, Taiwán. **Parcial:** Asia, sureste de Europa, África, Medio Oriente, oeste de Melanesia, oeste de Australia, Territorio del Norte, Península del Cabo York.
14 de diciembre de 2020	Total	16:15	**Total:** sur de Chile y Argentina, Kiribati, Polinesia. **Parcial:** centro y sur de América del Sur, suroeste de África, península Antártica, Tierra de Ellsworth, oeste de la Tierra de la Reina Maud.
10 de junio de 2021	Anular	10:43	**Anular:** norte de Canadá, Groenlandia, Rusia. **Parcial:** norte de Norteamérica, Europa, Asia.
4 de diciembre de 2021	Total	7:35	**Total:** Antártida. **Parcial:** Sudáfrica, Atlántico Sur.
30 de abril de 2022	Parcial	20:43	**Parcial:** Pacífico suroriental, sur de Sudamérica.
25 de octubre de 2022	Parcial	11:01	**Parcial:** Europa, noreste de África, Oriente Medio, Asia occidental.
20 de abril de 2023	Híbrido	4:18	**Híbrido:** Indonesia, Australia, Papúa Nueva Guinea. **Parcial:** SE de Asia, Indias Orientales, Filipinas, Nueva Zelanda.
14 de octubre de 2023	Anular	18:01	**Anular:** oeste de EE.UU., Centroamérica, Colombia, Brasil. **Parcial:** América del Norte, América Central, América del Sur.
8 de abril de 2024	Total	18:18	**Total:** México, centro de Estados Unidos, este de Canadá. **Parcial:** América del Norte, América Central.
2 de octubre de 2024	Anular	18:46	**Anular:** sur de Chile, sur de Argentina. **Parcial:** Pacífico, sur de Sudamérica.
29 de marzo de 2025	Parcial	10:49	**Parcial:** noroeste de África, Europa, norte de Rusia.
21 de septiembre de 2025	Parcial	19:43	**Parcial:** Pacífico Sur, Nueva Zelanda, Antártida.
17 de febrero de 2026	Anular	12:13	**Anular:** Antártida. **Parcial:** sur de Argentina, Chile, Sudáfrica, Antártida.
12 de agosto de 2026	Total	17:47	**Total:** Ártico, Groenlandia, Islandia, España, NE de Portugal. **Parcial:** norte de Norteamérica, África occidental, Europa.
6 de febrero de 2027	Anular	16:01	**Anular:** Chile, Argentina, Atlántico. **Parcial:** América del Sur, Antártida, África occidental y meridional.
2 de agosto de 2027	Total	10:08	**Total:** Marruecos, España, Argelia, Libia, Egipto, Arabia Saudita, Yemen, Somalia. **Parcial:** África, Europa, Medio Oriente, Asia occidental y meridional.
26 de enero de 2028	Anular	15:09	**Anular:** Ecuador, Perú, Brasil, Surinam, España, Portugal. **Parcial:** este de América del Norte, América Central y del Sur, Europa occidental, noroeste de África.
22 de julio de 2028	Total	2:57	**Total:** Australia, Nueva Zelanda. **Parcial:** sudeste de Asia, Indias Orientales.
14 de enero de 2029	Parcial	17:14	**Parcial:** América del Norte, América Central.
12 de junio de 2029	Parcial	4:06	**Parcial:** Ártico, Escandinavia, Alaska, norte de Asia, norte de Canadá.
11 de julio de 2029	Parcial	15:37	**Parcial:** sur de Chile, sur de Argentina.
5 de diciembre de 2029	Parcial	15:04	**Parcial:** sur de Argentina, sur de Chile, Antártida.
1 de junio de 2030	Anular	6:29	**Anular:** Argelia, Túnez, Grecia, Turquía, Rusia, norte de China, Japón. **Parcial:** Europa, norte de África, Medio Oriente, Asia, Ártico, Alaska.

Predicciones de eclipses por Fred Espenak, Centro de Vuelos Espaciales Goddard de la NASA
NE = Noreste / SE= Sureste

Glosario

ALBEDO. Una medida de cuán reflejante es una superficie. A menudo, los diferentes terrenos lunares se caracterizan por su reflectividad o albedo.

APOGEO. El punto donde un satélite (incluida la Luna) está más alejado de la Tierra. (Véase también perigeo).

BRECHA. Un tipo de roca formada por el aplastamiento, derretimiento y la mezcla de rocas causadas por el impacto de un meteoroide.

CARA OCULTA. La cara de la Luna que no es visible desde la Tierra (a menudo se le llama de forma equivocada como lado oscuro).

CARA VISIBLE. La cara visible de la Luna para los observadores que se encuentran en la Tierra.

DÍA LUNAR. Un período de 29 días (terrestres), 12 horas y 44 minutos: el tiempo transcurrido desde un amanecer (o atardecer) hasta el siguiente, desde una ubicación fija en la Luna.

ECLIPSE ANULAR. Un eclipse solar donde la Luna se alinea perfectamente con el Sol, pero está tan lejos de la Tierra que es demasiado pequeña para bloquear todo el disco del Sol. **La visualización segura de un eclipse anular requiere el uso de lentes para eclipses.**

ECLIPSE LUNAR. Cuando la Luna está alineada con la sombra de la Tierra proyectada por el Sol, de modo que toda o parte de la Luna no recibe luz solar directa. Puede parecer que la Luna se pone roja.

ECLÍPTICA. Una línea imaginaria en la esfera celeste por la que el Sol parece viajar en el transcurso de un año.

ESFERA CELESTIAL. Domo imaginario, centrado en el observador, sobre el cual cartografiamos la posición de las estrellas en el cielo.

EXTREMIDAD. El borde de la Luna visto desde la ubicación del observador, donde la Luna se topa con el cielo. Excepto durante la Luna llena, una parte de la extremidad puede estar iluminada mientras que el resto se encuentra oscura.

FALLA (LUNAR). A menudo se le dice por su nombre en latín, *Rupes*. Es una ruptura en la superficie lunar causada por impactos de asteroides o actividad volcánica antigua.

FASES. El aspecto cambiante de la Luna durante su órbita causado por la luz solar que golpea su superficie desde diferentes ángulos.

LIBRACIÓN. La aparente oscilación este-oeste y norte-sur de la esfera lunar, causada principalmente por la excentricidad e inclinación de la órbita de la Luna. Una libración favorable hace que sea más fácil ver las características cercanas a la extremidad iluminada.

LUZ CENICIENTA. La luz del Sol reflejada en la Tierra que ilumina de manera tenue la cara nocturna de la Luna.

MARE. Este término en latín significa "*mar*" y se refiere a las planicies oscuras de la superficie lunar. El plural es *maria*.

MAREAS. El ascenso y caída del nivel del mar en la Tierra se debe principalmente a la influencia gravitacional de la Luna.

OCULTACIÓN LUNAR Y OCULTACIÓN RASANTE. Cuando la Luna pasa frente a un planeta o una estrella, y cuando la extremidad lunar "roza" un planeta o una estrella.

ÓRBITA. La trayectoria curva (principalmente elíptica) en la que un objeto, como la Luna, viaja alrededor de un objeto más grande, como la Tierra.

PENUMBRA. Durante un eclipse lunar, se refiere a la parte más externa de la sombra de la Tierra, donde la luz solar está bloqueada de forma parcial.

PERIGEO. El punto donde un satélite (incluida la Luna) está más cerca de la Tierra. (Véase también apogeo).

RAYOS. Depósitos brillantes que se producen en un patrón radial alrededor de los cráteres lunares formados recientemente (en los últimos 100 millones de años).

RIMA. Depresión en la superficie lunar. A menudo, se le conoce como *rimae* (plural).

SALIDA Y PUESTA DE LA LUNA. La hora exacta en que la Luna sale o se fija en relación con tu horizonte local.

SELENOGRAFÍA. El estudio de las características de la superficie de la Luna, especialmente antes de la invención de telescopios de gran alcance y las sondas espaciales.

TERMINADOR. El límite irregular, aproximadamente de norte a sur, entre el día lunar y la noche lunar, donde el Sol sale (Luna creciente) o se pone (Luna menguante).

UMBRA. Durante un eclipse lunar, se refiere a la parte de la sombra de la Tierra donde la luz solar está completamente (y no parcialmente) bloqueada.

TÉRMINOS NO CIENTÍFICOS QUE QUIZÁS HAYAS ESCUCHADO, PERO QUE NO SE INCLUYEN EN ESTE LIBRO

DARK SIDE OF THE MOON. Un álbum de la banda de rock Pink Floyd. La "cara oculta" se le conoce erróneamente como el "lado oscuro".

LUNA AZUL. La sucesión de dos lunas llenas dentro del mismo mes. Ocurre porque el ciclo lunar de 29.5 días es más corto que todos los meses, excepto en febrero (28 días).

LUNA DE SANGRE. Frase que describe el eclipse lunar; rara vez es utilizada por los astrónomos. Tiene orígenes bíblicos.

SUPERLUNA. Una Luna llena o nueva que ocurre cuando la Luna está cerca del perigeo en su órbita. Es 7% más grande que una Luna llena promedio. En las superlunas nuevas y llenas, las mareas pueden ser hasta un 25% más altas. El término fue introducido por un astrólogo del siglo XX y no existe una definición astronómica aceptada de este término.

Fotografías

Las principales imágenes de la Luna fueron tomadas por el autor usando su telescopio personal dobsoniano de doce pulgadas, un telescopio dobsoniano de ocho pulgadas o desde el Observatorio Burke-Gaffney de la Universidad de Saint Mary (iPhone a ocular). Las demás fotografías fueron tomadas por el autor, utilizando la información del Estudio Científico de Visualización (SVS) de la NASA o del software astronómico Stellarium. Los otros créditos fotográficos se encuentran a continuación:

Celestron: pág. 23 (recuadro)

Academia China de las Ciencias / NAOC / *Science and Application Center for Moon and Deepspace Exploration*: pág. 56 (recuadro)

Creative Commons: pág. 65 (recuadro, 1791)

David M. F. Chapman: pág. 19 (arriba)

Dr. Roy Bishop: pág. 11 (Anillo de fuego)

Hercules Assisting Atlas por Claude Mellan: pág. 25

NASA (Siguiendo las pautas de uso de fotografías): pág. 5, pág. 22 (arriba), pág. 31, pág. 36 (imágenes insertadas), pág. 37, pág. 38 (arriba), pág. 39 (arriba), pág. 41 (arriba), pág. 44 (recuadro), pág. 45, pág. 55, pág. 60 (arriba), pág. 63 (recuadro), pág. 66 (arriba), pág. 67 (arriba), pág. 71 (arriba), pág. 75

NASA / GSFC / Universidad Estatal de Arizona: pág. 15

Dominio público: pág. 4, pág. 20 (recuadro), pág. 28 (arriba), pág. 64 (recuadro), pág. 66 (recuadro), pág. 69 (arriba), pág. 71 (recuadro), pág. 73 (arriba)

Shutterstock: pág. 43 (recuadro)

Tim Doucette: pág. 11 (Eclipse solar total)

Bibliografía y otras lecturas

Atlas de la Luna del siglo XXI por Charles A. Wood y Maurice J. S. Collins

Atlas de la Luna por Antonín Rükl

Field Map of the Moon y *Mirror-Image Field Map of the Moon* por *Sky & Telescope*

Publicación anual: "Observación lunar". *Manual del observador* por la Real Sociedad Astronómica de Canadá (RASC)

The Modern Moon: A Personal View por Charles A. Wood

The Moon and How to Observe It: An Advanced Handbook for Students of the Moon in the 21st Century por Peter Grego

Datos diversos no relacionados con la Luna extraídos de la *Enciclopedia Británica*

SITIOS WEB Y SOFTWARE

Asociación Internacional de Tiempos de Ocultaciones (IOTA): *www.lunar-occultations.com/iota/iotandx.htm*

Mapa rápido del ORL: *quickmap.lroc.asu.edu/*

Página del proyecto Mi'kmaw Moons: *www.facebook.com/www.MikmawMoons*

Moon Atlas (para iOS y MacOS)

Página de la NASA sobre la Luna: *solarsystem.nasa.gov/moons/earths-moon/overview/*

Orbitador de Reconocimiento Lunar de la NASA: *lunar.gsfc.nasa.gov/*

Programas de observación lunar de la RASC con certificados e insignias: *www.rasc.ca/observing*

Stellarium: *www.stellarium.org*

Diario de cada misión Apolo: *www.hq.nasa.gov/alsj/main.html*

A QUIÉN SEGUIR EN TWITTER

Autor: *@LearnToStargaze*

Orbitador de Reconocimiento Lunar: *@LRO_NASA*

Página de la NASA sobre la Luna: *@NASAMoon*

Astronomía de Nueva Escocia: *@astronomyns*